Smartphones unterstützen die Mobilitätsforschung

Smartphones unterstützen die Mobilitätsforschung

Lizenz zum Wissen.

Sichern Sie sich umfassendes Technikwissen mit Sofortzugriff auf tausende Fachbücher und Fachzeitschriften aus den Bereichen: Automobiltechnik, Maschinenbau, Energie + Umwelt, E-Technik, Informatik + IT und Bauwesen.

Exklusiv für Leser von Springer-Fachbüchern: Testen Sie Springer für Professionals 30 Tage unverbindlich. Nutzen Sie dazu im Bestellverlauf Ihren persönlichen Aktionscode **C0005406** auf *www.springerprofessional.de/buchaktion/*

Springer für Professionals.
Digitale Fachbibliothek. Themen-Scout. Knowledge-Manager.

- Zugriff auf tausende von Fachbüchern und Fachzeitschriften
- Selektion, Komprimierung und Verknüpfung relevanter Themen durch Fachredaktionen
- Tools zur persönlichen Wissensorganisation und Vernetzung

www.entschieden-intelligenter.de

Springer für Professionals

 Springer

Marc Schelewsky · Helga Jonuschat
Benno Bock · Korinna Stephan
(Hrsg.)

Smartphones unterstützen die Mobilitätsforschung

Neue Einblicke in das Mobilitätsverhalten durch Wege-Tracking

Herausgeber
Marc Schelewsky
InnoZ GmbH
Berlin
Deutschland

Helga Jonuschat
InnoZ GmbH
Berlin
Deutschland

Benno Bock
InnoZ GmbH
Berlin
Deutschland

Korinna Stephan
InnoZ GmbH
Berlin
Deutschland

ISBN 978-3-658-01847-4   ISBN 978-3-658-01848-1 (eBook)
DOI 10.1007/978-3-658-01848-1

Die Deutsche Nationalbibliothek verzeichnet diese Publikation in der Deutschen Nationalbibliografie;
detaillierte bibliografische Daten sind im Internet über http://dnb.d-nb.de abrufbar.

Springer Vieweg
© Springer Fachmedien Wiesbaden 2014

Springer Vieweg ist eine Marke von Springer DE. Springer DE ist Teil der Fachverlagsgruppe Springer
Science+Business Media
www.springer-vieweg.de

Vorwort der Herausgeberinnen und Herausgeber

Die Verkehrsforschung konzentrierte sich bisher auf zwei Möglichkeiten sich fortzubewegen: Entweder mit dem eigenen Auto oder mit dem Öffentlichen Nah- und Fernverkehr. Um verlässliche Prognosen erstellen zu können, reichte es dementsprechend für die Verkehrsplanung aus, den Straßenverkehr zu beobachten und die Fahrgastzahlen im ÖPNV wie im Fernbahnverkehr zu erfassen. In den letzten Jahrzehnten hat sich v. a. in Nordeuropa das Fahrrad als weiteres Fortbewegungsmittel etabliert. Zusammen mit Fußwegen legen die Wege mit diesen drei Verkehrsarten – privatem PKW, ÖPNV und Fahrrad – den Modal Split fest, anhand dessen sich die Mobilitätsmuster verschiedener Städte, Regionen und Länder miteinander vergleichen lassen. In den letzten Jahren haben sich zusätzlich jedoch eine Vielzahl neuer Verkehrsmittel zwischen öffentlichem und privatem Individualverkehr wie Car-, Bike- oder Ridesharing etabliert, die zuweilen noch flexibel miteinander kombiniert werden. Über welche Strecken und mit welchen Verkehrsmitteln sich welche Personengruppen fortbewegen, lässt sich somit immer weniger aus herkömmlichen Befragungen und Verkehrszählungen ableiten.

Das Smartphone wird für immer mehr Menschen zum ständigen Begleiter, der uns vor allem unterwegs z. B. für Fahrplanauskünfte und Haltestellensuche eine große Hilfe sein kann. Smartphones bieten dabei auch die Möglichkeit, die Wege ihrer Besitzer automatisch zu erfassen und die genutzten Verkehrsmittel zu bestimmen. So kann man einen großen Mehrwert für die Verkehrsforschung schaffen, ohne die Probanden mit umfangreichen Befragungen zu belasten. Ein solches Tracking ist durch die technische Ausstattung der Smartphones heute schon möglich. Das automatische Wegetracking hat jedoch seine Tücken: Es gibt derzeit noch ungelöste technische wie Datenschutz-Probleme, die die Euphorie sowohl auf Seiten der Entwickler als auch auf Seiten der Nutzer deutlich dämpfen.

Das vorliegende Beitragswerk ist aus dem Symposium „Smartphone-Tracking: Stand der Technik und Nutzen für die Verkehrsforschung" hervorgegangen, zu dem etwa 40 Tracking-Experten aus sieben Ländern genau diese Tücken diskutierten. Im Plenum sowie in vier Workshops wurden entlang von Studienkonzeptionen, technischen Voraussetzungen und der Nutzerakzeptanz aktuelle Herausforderungen der automatischen Wegeerfassung diskutiert. Diese Diskussionen bilden die Schwerpunkte dieses Buches. Das kumulierte Wissen zum Stand der Technik und zum Einsatz von Smartphone-Tracking in der Verkehrsforschung ist dabei nicht nur für Mobilitätsforscher und Informatiker von

Interesse, sondern für jede Privatperson, die sich über die Möglichkeiten und Grenzen des Trackings informieren möchte.

Für diesen umfassenden Überblick zu einem hochaktuellen Thema bedanken wir uns bei allen, die sich an dem Symposium beteiligt haben, und besonders denjenigen, die als Autorinnen und Autoren ihr Wissen zur Verfügung stellen. Außerdem danken wir den Mitarbeitern von TelematicsPro, die uns ermutigt und unterstützt haben, dieses Werk zusammenzustellen.

Im März 2014

Marc Schelewsky
Helga Jonuschat
Benno Bock
Korinna Stephan

Inhaltsverzeichnis

Martin Berger studierte Bauingenieurwesen an der TU Kaiserslautern und ist geschäftsführender Gesellschafter der verkehrplus GmbH. Nach Forschungs- und Lehrtätigkeiten in Weimar, Graz und Erfurt übernahm er 2014 die Universitätsprofessur für Verkehrspolitik und Verkehrssystemplanung an der TU Wien.

Benno Bock ist wissenschaftlicher Mitarbeiter am InnoZ und evaluiert die Auswirkungen von Produktinnovationen im Mobilitätsbereich. Im Fokus stehen dabei neuartige Mobilitätsdienste, die auf Informations-und Kommunikationstechnologien beruhen.

Matthias Heinrichs promovierte 2010 an der TU Berlin im Bereich Computer Vision und arbeitet für die Verkehrsforschung am DLR im Bereich Modellierung.

Dr. Helga Jonuschat (Dipl.-Ing Architektur und Stadtplanung) befasst sich am InnoZ mit sozialwissenschaftlicher Mobilitäts- und Nutzerakzeptanzforschung zur mediengestützten Mobilität und Nutzerakzeptanz von Innovationen.

Prof. Dr. Andreas Knie ist in den Themenfeldern Mobilitäts- und Innovationsforschung sowie Technologie- und Wissenschaftspolitik beheimatet. Neben seiner Tätigkeit am Wissenschaftszentrum Berlin für Sozialforschung ist er Hochschullehrer an der TU Berlin, Bereichsleiter für Intermodale Angebote und Geschäftsentwicklung der Deutschen Bahn AG und in der Geschäftsführung des Innovationszentrums für Mobilität und gesellschaftlichen Wandel GmbH (InnoZ).

Katja Köhler ist wissenschaftliche Mitarbeiterin in der Abteilung Personenverkehr am Institut für Verkehrsforschung des DLR und vor allem für die statistische Datenanalyse verantwortlich.

Prof. Dr.-Ing. Markus Lienkamp ist seit 2009 Ordinarius des Lehrstuhls für Fahrzeugtechnik an der Technischen Universität München, sowie Leiter des Wissenschaftszentrums Elektromobilität und wissenschaftlicher Berater bei TUM Create in Singapur.

Thomas Loewel Das Interessengebiet von Thomas Loewel umfasst alle Aspekte der rekonfigurierbaren Logik.

Dipl.-Ing. Mario Platzer studierte Bauingenieurwesen (TU Graz) und Soziologie (Karl-Franzens Universität Graz). Nach Projektassistenz an der TU Graz wechselte er als Verkehrsplaner zu verkehrplus GmbH. Zu seinen Kernkompetenzen gehören qualitative und quantitative Erhebungs- und Analysemethoden, die Analyse von Verhaltensänderungen und die Erforschung innovativer Informations- und Kommunikationstechnologien im Mobilitätsbereich.

Josef Ritzer M. Sc., ist wissenschaftlicher Mitarbeiter am Lehrstuhl für Fahrzeugtechnik an der Technischen Universität München und im Bereich der Sensordatenfusion sowie der Mobilitätsdatenerfassung mit mobilen Endgeräten tätig.

Johannes Rosch hat seine Wurzeln im Telekommunikationsumfeld und beschäftigt sich sowohl beruflich als auch privat mit innovativen Themen rund um den mobilen Lebensstil, speziell im Bezug auf deren Chancen und Herausforderungen unter technischen, betriebswirtschaftlichen und gesellschaftlichen Gesichtspunkten.

Marc Schelewsky befasst sich am InnoZ mit personalisierten Navigationssystemen, IT-Trends, GPS-basierter Verkehrs- und Mobilitätsforschung, dem Einsatz von Ortungstechnologien für Mobilitätsdienstleistungen sowie mit neuen Formen der Kundenakzeptanzforschung.

Dipl.-Ing. Emanuel Selz studierte Raumplanung an der Bauhaus-Universität Weimar und lehrte an mehreren Forschungseinrichtungen. Kernarbeitsgebiete sind die Mobilitätsforschung und die Verkehrsnachfragemodellierung. Seit 2006 ist er geschäftsführender Gesellschafter der verkehrplus GmbH.

Korinna Stephan studierte Wirtschaftswissenschaften in Kassel und Manchester. Seit 2011 beschäftigt sie sich im InnoZ mit der Nutzerakzeptanz und möglichen Geschäftsmodellen von innovativen Mobilitätssystemen sowie alternativen Antriebsformen, multi- und intermodaler Mobilität und die Unterstützung dieser Mobilitätsformen durch Informations- und Kommunikationstechnologien.

Dirk Stürzekarn arbeitet seit 2010 im Mobilbereich der HaCon Ingenieurgesellschaft in der Android-Entwicklung. Neben Auskunftsanwendungen entwickelt er Smartphone-Clients zur Ortung und Betriebsführung für das rechnergestützte Betriebsleitsystem „Smart VMS" mit.

Heike Twele ist im Bereich Fahrgastinformation tätig und koordiniert seit 2009 bei der Hacon Ingenieurgesellschaft mbH Forschungsprojekte im Bereich des HAFAS-Reiseauskunftssystems.

Michaela Zinke ist Wirtschaftsjuristin und setzt sich für den Verbraucherschutz in der digitalen Welt ein.

Vom Raumbedarf der Moderne und dem Versuch, diesen zu vermessen

Andreas Knie

Zusammenfassung

In der Einleitung wird begründet, warum digitale Verkehrserhebungen für die Mobilitätsforschung und die Gesellschaft im Allgemeinen ein wichtiges Entwicklungsfeld sind und bleiben werden. Viele Entscheidungen und Erkenntnisse basieren aktuell auf Erhebungen, die aufwändig produziert wurden, aber dennoch nicht die nötige Qualität und die gewünschte Masse aufweisen können. Smartphone Tracking bietet im Vergleich zu klassischen Verkehrswegetagebüchern eine kostengünstigere und verlässlichere Lösung. Entsprechende Erhebungen werden somit immer mehr an Bedeutung gewinnen, denn die Fragestellungen werden in Zeiten des Klimawandels und der Digitalisierung immer komplexer.

Moderne Gesellschaften sind bewegungsintensive Veranstaltungen. Mobilität und Verkehr sind daher Schlüsselthemen des 21. Jahrhunderts. Demokratische Ansprüche und soziale Teilhabe sind nur um den Preis der Raumüberwindung zu haben. In Zeiten des Klimawandels und der Endlichkeit der fossilen Ressourcen wird die physische Bewegung im Raum aber zunehmend problematischer. Während die Strom- und Wärmeversorgung absehbar mit Hilfe Erneuerbarer Energien organisiert werden kann, fehlen im Verkehr die Alternativen: Der Anteil der Erneuerbaren liegt hier weltweit unter zehn Prozent. Die Perspektiven sind damit klar abgesteckt: die Überwindung des Raums mit Verkehrsmitteln auf fossiler Ressourcenbasis wird zukünftig erheblich teurer und in großen Ballungsräumen nur mehr eingeschränkt funktionieren. Es ist daher nicht mehr so einfach wie noch zu Zeiten von Verkehrsminister Georg Leber, der Anfang der 1970er Jahre die Teilhabe an der klassischen Moderne auf die legendäre Formel brachte: maximal 25 km bis zur nächsten Autobahnauffahrt.

A. Knie (✉)
InnoZ GmbH, Torgauer Str. 12–15, 10829 Berlin, Deutschland
E-Mail: info@innoz.de

M. Schelewsky et al. (Hrsg.), *Smartphones unterstützen die Mobilitätsforschung,*
DOI 10.1007/978-3-658-01848-1_1, © Springer Fachmedien Wiesbaden 2014

Die Aufgabenstellung im Zeichen des Klimawandels und der Ressourcenknappheit ist deutlich schwieriger. Wie können sich unter solchen Bedingungen demokratische Gesellschaften weiterentwickeln? Wird physische Bewegung zu einem Privileg der Reichen? Drohen Klimawandel und die Ressourcenverknappung die sozialen Ungleichgewichte zu stabilisieren oder sogar noch zu verschärfen? Funktioniert die postfossile Gesellschaft nur mit Einschränkungen der demokratischen Grundrechte, jedenfalls solange nicht alle Verkehrssysteme auf die Basis erneuerbarer Energien umgestellt sind? Oder gelingt es offenen und demokratischen Gesellschaften, ihren Bedarf an physischer Bewegung zu minimieren bzw. auf digitale Weise zu substituieren?

Wenn die klassischen Demokratien konstitutiv auf die Möglichkeiten zur physischen Raumüberwindung angewiesen waren, liegt die Zukunft der Demokratie in Zeiten von Google, Apple und Facebook in einer digitalen Teilhabe? Sind gesellschaftliche Zugänge und soziale Differenzierungen zukünftig auch im Netz möglich? Die Frage stellt sich beispielsweise, ob moderne Informations- und Kommunikationstechnologien eine soziale Entwicklung und Dynamik unterstützen, die früher durch „Er-Fahrung" in der Raumüberwindung gemacht werden musste/konnte. Können die neuen Medien also den Raumbedarf der Demokratie reduzieren? Damit verbunden ist die nicht ganz neue Frage, ob weite Teile der Arbeitswelt auch ohne physischen Verkehr organisiert werden können (siehe z. B. virtuelle Mobilität, 3D-Printing)? Oder lässt sich zumindest der wachsende Gerätepark an Verkehrsmitteln mit Hilfe der neuen Medien in eine riesige „Sharing"-Landschaft verwandeln, was erheblich Ressourcen sparen würde? Müssen wir auch zukünftig die Dinge alle besitzen, um sie zu benutzen? Sind die neuen sozialen Medien unter Umständen dazu geeignet, beispielsweise den Bewegungsdrang von Jugendlichen einzudämmen und Nahraumperspektiven attraktiver zu machen?

Dass dieser Gedanke keinesfalls absurd ist, zeigt die Ausprägung telematisch gestützter Arbeits- und Lernformen. Die moderne Arbeitswelt funktioniert oft bereits in digitaler Form; die technisch vermittelte Kommunikation in sozialen Medien erfreut sich bereits heute einer großen Beliebtheit, und selbst im klassischen Verkehr spielen die ursprünglich emotional hoch aufgeladenen Fahrzeuggeräte bei Jugendlichen keine große Rolle mehr. Zur Darstellung sozialer Positionierung sind sie durch Smartphones und die Demonstration von Medienkompetenz abgelöst worden.

Fragen über Fragen, Spekulationen und Mutmaßungen, die sowohl für die ökonomische Prosperität wie auch für die soziale Teilhabe moderner Gesellschaften von grundlegender Bedeutung sind und für die es keine Antworten gibt. Denn obwohl sich Deutschland als Hochtechnologieland begreift, ist der Zustand der Verkehrsforschung mehr als kritisch und entspricht nicht dem Grad der gesellschaftlichen Modernisierung. Wissenschaftlich gesehen, sind die vorliegenden Verkehrsdaten grobe Schätzungen und die darauf bauenden Erkenntnisse maximal vorläufig. Dies ist auch eingedenk der Tatsache, dass damit Milliarden an Investitionen für die Infrastruktur begründet werden, mehr als bedenklich.

Ob es die Erhebungen des Statistischen Bundesamtes sind oder der vom Bundesverkehrsministerium herausgegebene Datenband „Verkehr in Zahlen" oder auch die aufwendige Massenerhebung „Mobilität in Deutschland": Es bleibt überall die Kernfrage zu lösen:

Wie kann ich etwas messen, über das die Probanden selbst keine verlässliche Auskunft geben können? Denn es bleibt bei der Tatsache, dass sich das alltägliche Verkehrsverhalten in Form von Routinen abspielt und nicht wirklich abfragegerecht im Bewusstsein verankert ist. Die bislang zum Einsatz kommenden Verkehrswegetagebücher – ob online oder auf Papier ausgefüllt – können keine seriöse Quelle sein, es sind maximale Selbstdeutungen der Verkehrsteilnehmer.

Bereits seit mehr als zehn Jahren operiert die Verkehrsforschung weltweit daher mit dem Versuch, die zur alltäglichen Begleitung gewordenen digitalen Helfer als zusätzliches Erhebungsinstrument einzusetzen. Doch was einfach und plausibel klingt, ist im operativen Alltag und im Versuch, die Ergebnisse als wissenschaftliche Qualitätsarbeit nachvollziehbar auszuweisen, durchaus ambitioniert. Die Beiträge des Buches dokumentieren diese aufwendige Suche und lassen erkennen, welche technischen und rechtlichen Probleme noch vorhanden sind.

Wenn es aber gelänge, hier ein brauchbares Erhebungsinstrument für die Praxis zu entwickeln, könnten Verkehrserhebungen präziser und deutlich kostengünstiger eingesetzt werden, und die Veränderungen im Verkehrsverhalten wären sehr schnell und exakt zu beschreiben. Zumindest lägen dann endlich verlässliche Daten vor, um den Raumbedarf der Moderne zu vermessen und die Möglichkeiten einer nachhaltigen Verkehrslandschaft voranzubringen. Aber auch in dieser Hinsicht lassen die hier versammelten Beiträge einige begründete Hoffnung erkennen, dass dieser Zustand nicht mehr fern ist und die alltägliche Kommunikationstechnik mit ihren umfassenden digitalen Möglichkeiten endlich auch für die Verkehrsforschung und für die Verkehrspraxis fruchtbar gemacht werden kann.

Tracking mit Smartphones: Einführung in die Technik und Stand der Forschung

Marc Schelewsky

Zusammenfassung

Es werden der Forschungsstand sowie der Stand der Technik im Hinblick auf die Potenziale der automatischen Wegeerfassung zusammengefasst. Im Fokus stehen dabei vor allem die großen Haushaltssurveys aus den Vereinigten Staaten zu Beginn der 2000er-Jahre sowie weitere Arbeiten zu Methoden der Nutzung von GPS für die Verkehrsforschung. Jedes der traditionellen Lokalisierungsverfahren besitzt dabei Defizite, die auf die technische Konzeption und infrastrukturellen Grundlagen zurückgeführt werden können. Über Smartphone-Tracking kann hingegen über mehrere Tage hinweg bei der Wegeerfassung durchaus eine so hohe Datengenauigkeit erreicht werden, dass es als innovatives Tool für Verkehrsplanung und Mobilitätsforschung große Erwartungen hervorruft.

2.1 Einleitung

Der Verkehrsteilnehmer ist nur sehr schwer zu beobachten. Wenig wissen wir darüber, wie er sich fortbewegt, noch weniger, warum. Er ist ein unbekanntes Subjekt, soweit besteht Konsens. Aktuelle Fragen zu Veränderungen von Verkehr und Mobilität können so nur unzureichend beantwortet werden. Diese betreffen die Mobilitätsbeteiligung, die Aktivitäts-, Reise- und Wegehäufigkeiten, die zurückgelegten Distanzen und deren Verteilung auf die Verkehrsmittel, die ursächlichen Aktivitäten, deren räumliche und zeitliche Verteilung und die sich daraus ableitenden Routinen (vgl. Scheiner 2007, S. 690). Besondere Herausforderungen bestehen auch bei der Analyse von Veränderungen des Verkehrsverhaltens aufgrund neuer Angebotsformen und den daraus erwachsenden Mobilitätsmus-

M. Schelewsky (✉)
InnoZ GmbH, Torgauer Str. 12–15, 10829 Berlin, Deutschland
E-Mail: Marc.schelewsky@innoz.de

M. Schelewsky et al. (Hrsg.), *Smartphones unterstützen die Mobilitätsforschung,*
DOI 10.1007/978-3-658-01848-1_2, © Springer Fachmedien Wiesbaden 2014

tern. Die zu beobachtenden Effekte verlieren sich im Grundrauschen der Daten, die oft im Nachhinein und auf Grundlage subjektiver Einschätzungen erhoben werden.

Dabei sind genau diese Fragen von hoher Aktualität. Ein Blick auf die Straßen großer Städte offenbart das bunte Bild einer neuen Mobilität, die nicht mehr vom privaten Automobil und dem klassischen ÖPNV dominiert wird, sondern alle möglichen Verkehrsmittel mit variierenden Nutzungsmöglichkeiten miteinbezieht. Neben der zunehmenden Nutzung von Fahrrad und Motorroller lassen sich auch Fahrzeuge mit neuen Antriebstechnologien beobachten, die wiederum zu innovativen Angebotsformen führen. Die Spanne reicht von klassischen stationsgebundenen Carsharing- und Leihfahrradangeboten über flexibles Carsharing mit Elektromotor bis hin zum Peer-2-Peer-Carsharing. Auch Pedelecs, privat oder gewerblich betrieben, erfreuen sich zunehmender Beliebtheit. Die Nutzungsformen passen sich dieser Vielfalt an. Die Kombination mehrerer Verkehrsmittel auf einem Weg oder die Wahl unterschiedlicher Angebote je nach Wegezweck gehören inzwischen für viele Stadtbewohner zur gewohnten Praxis. Bei gutem Wetter nimmt man das Fahrrad, bei Regen steigt man in den Bus. Möchte man auf dem Weg nach Hause noch einen Einkauf erledigen, dann springt man in das nächste Carsharing-Fahrzeug, das oft nur ein paar Schritte entfernt steht. Allein in Berlin hat sich die Flotte der Fahrzeuge, die im *free-float-Modus*, also stationsungebunden, betrieben werden, in den letzten drei Jahren auf 2.350 erhöht. Intermodalität und Multimodalität lauten die Stichwörter zur Beschreibung dieser neuen, flexiblen, urbanen Mobilität.

Will man nun wissen, wie sich durch die neue angebotsseitige Vielfalt das Nachfrage- und Nutzungsverhalten der Verkehrsteilnehmer verändert, stößt man mit traditionellen Erhebungsmethoden wie Wegetagebücher oder Interviews zunehmend an die Grenzen der Erfassbarkeit neuer und komplexer Formen individueller Mobilität. Bei Rekonstruktion ex post wird vieles vergessen, unterlassen oder ungenau beantwortet. Dazu tragen Rundungen bei Angaben zu Länge und Dauer eines Weges ebenso bei wie die zunehmende Antwortmüdigkeit bei längeren Untersuchungszeiträumen, d. h. Wege werden nur noch selektiv oder gar nicht mehr aufgezeichnet. Hinzu treten Effekte der sozialen Erwünschtheit und systematische Fehler, die sich zum einen in einer Überschätzung der Distanzen bei Fahrrad- und Fußwegen ausdrücken und zum anderen durch das Vergessen von kurzen Wegen. Häufig werden diese gar nicht als ein Weg wahrgenommen, den es aufzuzeichnen gilt, denn um korrekte und vergleichbare Angaben machen zu können, muss der Befragte immer auch mit der zugrunde gelegten Definition von „Weg" und „Etappe" vertraut sein. Dieses in der Literatur als Underreporting bezeichnete Phänomen bei der Erfassung des Verkehrsverhaltens mit Wegetagebüchern ist bereits in zahlreichen Studien untersucht und beschrieben worden (vgl. u. a. Bricka 2008; Bricka und Bhat 2006a, b; Krygsman und Nel 2009; Ong 2009; Schüssler und Axhausen 2008).

Dabei scheint die Lösung denkbar einfach. Smartphones sind inzwischen in der Gesellschaft weit verbreitet. Nach Angaben von Bitkom hatten 2012 nahezu 50 % der Deutschen ein Smartphone – Tendenz weiter steigend. Besonders bei den jüngeren Altersgruppen liegt die Penetrationsrate bei fast 100 %. Ausgestattet mit vielfältiger Sensorik – Gyroskop, Accelerometer, GPS-Sensor und Kompass gehören mittlerweile zur Grundausstattung – sind sie in der Lage, alle erforderlichen Daten und Informationen zu erfassen, die zur Rekonstruktion des Verkehrs- und Mobilitätsverhaltens erforderlich sind. Neben Schlüssel und Portemonnaie ist das Smartphone zum alltäglichen Begleiter außerhäuslicher Aktivitäten geworden. Der Umgang mit diesem technischen Gerät ist dem Besitzer vertraut und stellt für ihn keine große Herausforderung dar. Um es für die Verkehrsforschung zu ertüchtigen, reichen kleine Programme (*Apps*), die sich in Sekundenschnelle aus den anbieterspezifischen *App-Stores* auf dem Endgerät installieren lassen. Das Programmieren dieser Apps lässt sich einfach über die jeweiligen Entwicklungsumgebungen realisieren, den sogenannten *SDKs* (*System Development Kit*). Die Bedienoberfläche kann damit ohne größere Aufwände den untersuchungsspezifischen Anforderungen angepasst werden. Der Energieverbrauch durch die Nutzung der Sensorik ist ein häufig diskutiertes Phänomen bei der Nutzung von Smartphones als Erhebungsinstrument, bereitet inzwischen jedoch weniger Grund zur Sorge, denn nicht nur die Leistungsfähigkeit der Akkus ist gestiegen, auch achtet der Nutzer selbst auf den Ladestand, um weiterhin kommunizieren oder mobil surfen zu können.

Die Prämisse für die Nutzung von Smartphones als Erhebungsinstrument besteht darin, dass die Position des Smartphones als identisch mit der Position des Probanden angenommen wird, er es also auf allen Wegen stets bei sich trägt. Wird das Smartphone ausgeschaltet oder nicht mit sich geführt, werden lücken- oder fehlerhafte Daten ermittelt. Letztlich bildet das Smartphone nur die Schnittstelle zum Nutzer bzw. Probanden und dient zunächst nur der kontinuierlichen Erfassung der Positionsdaten. An deren Prozessierung ist das Smartphone – wenn überhaupt – nur in einem geringen Umfang beteiligt. Dafür ist ein Backend-System erforderlich, auf dem die ermittelten Daten gesammelt, aufbereitet und sinnvoll interpretiert werden. Dort kann die Intelligenz des Systems verortet werden, mit der aus den bloßen Wegepunkten (*Trackingpoints*), bestehend aus Geokoordinaten und Zeitstempel und ggf. zusätzlichen Parametern zur Güte der erhobenen Daten, auf die genutzten Verkehrsmittel geschlossen werden soll. Dazu lassen sich in der Literatur unterschiedliche Verfahren finden.[1] Gemeinsam ist diesen Ansätzen, dass zunächst eine Filterung plausibler Daten stattfindet (*data cleaning, data smoothing*), bevor zwischen Aufenthaltsorten und Wegen (*Tracks*) unterschieden wird. Anschließend wird über Algorithmen nach bestimmten Charakteristiken in den Daten gesucht, die typisch sind für die Nutzung bestimmter Verkehrsmittel (*trip/mode detection*). So lässt sich z. B. eine Fahrt in einem Fernverkehrszug durch die hohe Durchschnittsgeschwindigkeit, den Verlauf der Tracks entlang der Trassen und den Aufenthalten an vordefinierten Bahnhöfen identifizieren. Solche Heuristiken lassen sich für nahezu alle Verkehrsmittel entwickeln. Werden sie durch Daten der Inertialsensorik oder um externe Datenquellen ergänzt, lassen sich die Möglichkeiten der Modusidentifizierung weiter verbessern.[2]

---

[1] Ein guter Überblick über die unterschiedlichen Ansätze und Algorithmisierungen findet sich in Schüssler und Axhausen (2008).

[2] Angaben zu korrekt identifizierten Modi variieren in der Literatur von 70 % (Bohte und Maat 2008) bis hin zu 91,7 % (Chung und Shalaby 2005). Diese Studien basieren allerdings ausschließlich auf der Analyse von GPS-Daten.

Zur Validierung der erhobenen und prozessierten Daten können die Probanden während der Erhebung aktiv nach den genutzten Verkehrsmitteln oder Wegezwecken mittels Smartphone befragt werden. Auf den großen Touchdisplays lassen sich Fragebögen und Wegetagebücher einfach und nutzerfreundlich hinterlegen. Dagegen verzichtet der passive Ansatz auf die Interaktion des Probanden mit dem Endgerät und stützt sich in den Analysen nur auf die passiv im Hintergrund erhobenen Daten der internen Sensoren. Hierbei wird den Nutzern häufig im Nachhinein das aufbereitete Ergebnis über eine Website zur Verfügung gestellt. Sowohl bei aktiven als auch bei passiven Untersuchungsdesigns stützen sich die wesentlichen technischen Verfahren zur Lokalisierung auf GPS, WLAN oder auf Mobilfunktechnologien wie GSM.

Wie diese Technologien im Grundsatz funktionieren und welche Herausforderungen sich aufgrund diverser Restriktionen für den Einsatz als Erhebungsinstrument ergeben, wird in Abschn. 2.2 beschrieben. In Abschn. 2.3 folgt eine Übersicht über die relevanten Studien, in denen moderne Lokalisierungstechnologien zum Einsatz kamen, und es wird aufgeführt, welche Erfahrungen dabei gesammelt wurden. Im Fokus steht dabei vor allem der Einsatz von GPS. Dabei werden auch die unterschiedlichen methodischen Ansätze beleuchtet und diskutiert. Nach dieser einleitenden Bestandsaufnahme und einem Resümee wird abschließend der vorliegende Beitragsband in Struktur und Inhalt vorgestellt.

2.2 Verfahren der technikgestützten Positionsbestimmung

2.2.1 Satellitengestützte Verfahren

Die ersten Studien, in denen zur Untersuchung des Verkehrsverhaltens Lokalisierungstechnologien zum Einsatz kamen, nutzten das satellitengestützte Global Positioning System (GPS), das seit 2000 auch zivilen Einsatzbereichen zur Verfügung steht. Zuvor war es vornehmlich für der militärischen Nutzung vorbehalten. In diesen Studien wurden zunächst eigens für diesen Zweck konstruierte Datenerfassungsgeräte eingesetzt, sogenannte *Datenlogger*. Reine smartphonegestützte Erhebungen finden sich bis heute fast ausschließlich als Pilotstudien mit explorativem Charakter und sind bislang noch nicht in größerem Umfang unter Realbedingungen getestet worden.

Die korrekte Bezeichnung des gängigen GPS lautet *NAVSTAR GPS* und ist nur ein System im Bereich satellitengestützter Lokalisierungsverfahren.[3] Es umfasst 24 Satelliten, die

---

[3] NAVSTAR GPS steht für „NAVigation System with Time And Ranging Global Positioning System)". Der Oberbegriff satellitengestützter Verfahren lautet GNSS (Global Navigation Satellite System). Neben GPS existieren einige globale oder regional ergänzende Systeme wie das russische GLONASS oder das chinesische Compass. In Europa befindet sich das gemeinsam von der EU und der europäischen Raumfahrtbehörde ESA entwickelt System Galileo seit 2006 im Aufbau und wird voraussichtlich im Jahr 2014/2015 erste Dienste anbieten (BMVBS 2013).

die Erde in einer Höhe von etwa 20.200 m so umkreisen, dass zu jeder Zeit und von jeder Position auf der Erdoberfläche mindestens vier davon sichtbar sind. Das ermöglicht unterschiedliche Verfahren der Positionsbestimmung, wobei das einfachste und für Navigationsgeräte häufig genutzte auf dem Prinzip des mehrfachen Bogenschlags basiert: Die von den Satelliten gesendeten GPS-Signale erlauben es den auf der Erdoberfläche befindlichen Empfängern, sowohl die Position des Satelliten als auch die Entfernung zwischen Empfänger und Satellit zu bestimmen. Stellt man sich nun vor, dass jeder der Satelliten von einer Kugel umgeben wird, deren Mittelpunkt der Satellit ist und deren Radius von der Entfernung des Empfängers zum Satelliten gebildet wird, lässt sich die Position des Empfängers aus dem Schnittpunkt der Kugeln errechnen.[4] Dieses Verfahren ist passiv, d. h. es ist keine Datenbankabfrage erforderlich, um die Geokoordinate des Empfängers zu bestimmen. Die Nutzung dieses Verfahrens bringt somit den Vorteil mit sich, dass zunächst nur der Empfänger weiß, wo er sich befindet, und diese Daten zur Positionsbestimmung nicht kommuniziert werden müssen. Das bedeutet auch, die Positionsbestimmung geschieht unabhängig von einem Netzzugang bzw. einer externen Datenbankabfrage, wie es bei anderen Lokalisierungsverfahren erforderlich ist.

Der Nachteil dieses Verfahrens besteht in der Ungenauigkeit und Fehleranfälligkeit, die durch verschiedene Einflussvariablen ausgelöst werden können (vgl. dazu Jun et al. 2007). Unter schlechten Bedingungen können dadurch Abweichungen von mehreren 100 m gegenüber der tatsächlichen Position auftreten. Im besten Fall liegt die Lokalisierungsgenauigkeit zwischen drei und zehn Metern. Die Fehlerursachen bei der Positionsbestimmung mit GPS lassen sich in zufällige und systematische Ursachen unterscheiden. Dazu zählen Messfehler, die von fehlerhaften GPS-Empfängern verursacht werden, künstlich erzeugte Fehlerquellen, wie die sogenannte *Selective Availability* (S/A),[5] aber auch Abweichungen, die aufgrund von Umgebungseinflüssen auftreten, z. B. atmosphärische Effekte. Bei der Positionsbestimmung wird die Geschwindigkeit des gesendeten Signals als konstant angenommen. Vom Sender (Satellit) zum Empfänger durchläuft das GPS-Signal jedoch verschiedene Schichten der Atmosphäre (Ionosphäre, Troposphäre) und wird dabei mehrfach gebrochen, vergleichbar mit Licht, das auf einen Glaskörper trifft. Diese Verzerrungen sind umso größer, je näher der Satellit über dem Horizont sichtbar, also je kleiner dessen Höhenwinkel (*Elevation*) wird.

Trifft das GPS-Signal auf die Erdoberfläche, so sind, besonders bei einfachen GPS-Empfängern, sogenannte *Mehrwegeeffekte* (*multi path errors*) eine häufige Fehlerursache. Dabei trifft das Signal nicht direkt auf den Empfänger, sondern wird von einer Häuserwand oder einer anderen Fläche reflektiert. Dadurch verlängert sich die Laufzeit des Signals, und die Position wird falsch errechnet. Diese Fehlerursache tritt besonders häufig

---

[4] Genauere Darstellungen der Funktionsweise von GPS und GNSS in verständlicher Form finden sich z. B. in Bauer (2011), Xu (2003) oder Zogg (2009).

[5] Die Selective Availability ist eine künstliche Ungenauigkeit, die aus militärischen Überlegungen etwa bis zum Jahr 2000 aktiv war und danach abgeschaltet wurde.

in Städten mit hoher oder besonders dichter Bebauung auf, wenn der Blick auf den freien Himmel eingeschränkt wird.

Neben den Fehlerquellen bei der Signalübertragung vom Sender zum Empfänger beeinflusst die Position der Satelliten (*Satellitengeometrie*) die Genauigkeit der Positionsbestimmung erheblich. Stehen die Satelliten aus Sicht des Empfängers zu dicht beieinander oder ist der Höhenwinkel sehr gering (unter 15 Grad), lässt sich die Position nur noch ungenau bestimmen. Mit dem *DOP* (*Delusion of Precision*) wird ein Wert ermittelt, der die Güte der Positionsbestimmung angibt. Dabei kann die Güte in vertikaler (*VDOP*) und horizontaler (*HDOP*) Position und im Raum (*PDOP*) ermittelt werden. Der *GDOP-Wert* (*geometrischer DOP*) kombiniert die Fehlermessung über die drei Dimensionen und berechnet auch zeitliche Fehler mit ein. Damit ist er der genaueste Wert für die Gütebestimmung einer Positionsmessung. Von einer hinreichend genauen Messung spricht man, wenn der GDOP-Wert acht oder weniger beträgt.

Kleinere Verzerrungen entstehen zusätzlich durch Gravitationskräfte, die auf die Satelliten wirken und diese minimal aus ihrer Umlaufbahn bringen. Diese Abweichungen liegen aber nur im Bereich von bis zu zwei Metern und sind zu vernachlässigen, ebenso die Möglichkeit, dass die Atomuhren in den Satelliten, mit denen das Signal kodiert wird, fehlerhaft sind. Die Satelliten werden im Kontrollzentrum in Colorado Springs kontinuierlich überwacht, um diese Fehlerursache auszuschließen.

Jeder GPS-Satellit sendet ein Signal mit Informationen über seine aktuelle Position, die genaue Uhrzeit und Datum, eine Identifikationsnummer sowie Informationen zu Bahnverlauf, Zustand und ggf. Korrekturinformationen. Zusätzlich werden Informationen zu den Bahndaten aller Satelliten – sogenannte *Almanach-Daten* – übermittelt, um Vorhersagen über den Verlauf der Satelliten treffen zu können bzw. zu prognostizieren, wann von einer bestimmten Position auf der Erde welche Satelliten sichtbar sind. Wird ein GPS-Empfänger zum ersten Mal aktiviert, war er länger als sechs Stunden ausgeschaltet oder wurde er mehr als 300 km von seiner zuletzt ermittelten Position entfernt, müssen diese Daten nachgeladen werden, da sonst keine Positionsbestimmung möglich ist. Dieser Vorgang wird als „*Cold Start*" bezeichnet und kann bis zu zwölf Minuten dauern. Sind seit der letzten Positionsbestimmung zwischen zwei und sechs Stunden vergangen, so sind in der Regel der Almanach und die benötigte Uhrzeit noch aktuell, aber die Positionen der Satelliten (*Ephemeridendaten*) fehlen und müssen nachgeladen werden. Dieser sogenannte „*Warm Start*" kann bis zu 45 s dauern. Ist der Empfänger nur kurzzeitig ausgeschaltet, spricht man von einer *Wiedererfassung*, die maximal 15 s dauert (vgl. kowoma 2012). Um diese Wartezeiten zu verkürzen, werden beim *Assisted GPS* (*AGPS*) die zu erwartenden Positionsdaten der Satelliten über GSM oder WLAN bereitgestellt. Dadurch lassen sich die Warm-Start- und Cold-Start-Effekte reduzieren.

Neben den satellitengestützten Systemen gibt es weitere technische Verfahren zur Positionsbestimmung, die auf bodengebundene Infrastrukturen zurückgreifen.

2.2.2 Positionsbestimmung über Funkzellen

Durch den intensiven Ausbau der Mobilfunknetze sind diese inzwischen überall verfügbar, sodass auch die darauf basierende *Funkzellenortung* (auch *Zellortung* oder *GSM-Ortung*) flächendeckend gewährleistet ist. Grundlage hierfür ist die Identifizierung der *Cell IDs* des GSM-, UMTS- oder inzwischen auch LTE-Funknetzes.[6] Anders als bei satellitengestützten Verfahren ermöglicht die Funkzellenortung eine Lokalisierung auch in geschlossenen Gebäuden. Der Nachteil besteht aber vor allem in der großen Varianz der Lokalisierungsgenauigkeit. Da die Lokalisierungsgenauigkeit von der Größe der Funkzellen abhängt und diese sich in ländlichen Gegenden zum Teil mit einem Radius von über 35 km ausdehnen, kann eine Lokalisierung mitunter nur auf 100 m genau erfolgen (vgl. Varshavsky et al. 2006). In städtischen Räumen können damit aber bereits recht gute Ergebnisse erzielt werden, doch auch hier lassen sich in bestimmten Fällen sehr große Abweichungen vom tatsächlichen Aufenthaltsort verzeichnen, wenn sich die Positionsbestimmung auf eine Basisstation (*Base Transceiver Station, BTS*) bezieht, die in U-Bahnschächten verbaut wurden. Auch in diesen Fällen treten Abweichungen von 100 m oder mehr auf.

Die Genauigkeit der Lokalisierung über die Cell ID in der einfachsten Form entspricht etwa einem Drittel der Größe der jeweiligen Funkzellen, da jede Funkzelle in drei Sektoren unterteilt ist, durch die eine grobe Richtungslokalisierung möglich wird. Dieses einfache Verfahren wird *Cell of Origin* (*CoO*) oder *Cell Global Identity* (*CGI*) genannt. Werden die Cell IDs weiterer Funkzellen berücksichtigt, lässt sich die Genauigkeit weiter erhöhen (*Enhanced CI*). Die besten Ergebnisse der Zellortung lassen sich jedoch über Laufzeitmessungen erreichen. Dabei wird der *TA-Parameter* (*Timing Advance*) mitberücksichtigt, über den die Entfernung zwischen Basisstation und mobilem Endgerät abgeleitet werden kann. Das *EOTD-Verfahren* (*Enhanced Observed Time Difference*) erhöht die Genauigkeit der Lokalisierung noch einmal, indem die Laufzeitunterschiede zwischen den Signalen mehrerer Basisstationen gemessen werden. Damit lassen sich durchschnittlich Genauigkeiten von 30 m oder weniger erreichen. Allerdings müssen hier die Endgeräte auf dieses Verfahren ausgelegt sein.

2.2.3 Positionsbestimmung mit WLAN-Netzen

Als drittes etabliertes technikgestütztes System zur Positionsbestimmung dienen die WLAN-Netze, die in urbanen Räumen in hoher Zahl verfügbar sind. Wie bei der Positionsbestimmung über Funkzellen besitzt die Lokalisierung über Hotspots privater WLAN-Netze den Vorteil, dass die WLAN-Signale auch innerhalb geschlossener Räume empfangen werden können und damit relativ robust gegen Abschattung durch Bebauung sind. Allerdings besitzen externe Faktoren einen relevanten Einfluss auf die Signalgüte. Dazu

---

[6] GSM steht für Global System for Communication, UMTS für Universal Mobile Telecommunications System und LTE für Long Term Evolution.

zählen ein- und ausfahrende Züge in einem Bahnhofsgebäude und ähnliche technische Artefakte, die ein Magnetfeld erzeugen. Aber auch die Menschen in einem Bahnhof absorbieren mit dem Körper die WLAN-Signale bzw. verändern damit die Signalstärke bei der WLAN-Messung.

Schließlich besteht eine Herausforderung dieses Verfahrens in der volatilen Infrastruktur der WLAN-Netzwerke. Jeder WLAN-Hotspot sendet bestimmte Signale zur Identifizierung (Name, Mac-Adresse), zudem lässt sich die Empfangsfeldstärke (*Receive Signal Strength Indicator, RSSI*) bestimmen. Aus diesen Informationen lässt sich ein Fingerprint erstellen, der charakteristisch für einen bestimmten Ort ist und nur dort auftaucht. Diesem Fingerprint wird in einer Datenbank eine Geokoordinate zugeordnet, mit der dann die eigentliche Lokalisierung erfolgt. Das Smartphone analysiert die empfangenen Daten der WLAN-Hotspots, vergleicht diese mit den in der Datenbank hinterlegten Fingerprints und ermittelt so die zugehörige Geokoordinate. WLAN-Hotspots können jedoch ausgetauscht oder abgeschaltet werden, der Besitzer kann umziehen und den WLAN-Hotspot mitnehmen. Dadurch verändert sich auch der Fingerprint eines bestimmten Ortes, wodurch er in der Datenbank nicht mehr oder nur noch fehlerhaft identifizierbar ist. Das heißt, dieses Verfahren ist nicht nur abhängig von der Persistenz der Infrastruktur, daraus resultiert auch ein kontinuierlicher Wartungsaufwand der Datenbank, da sie sonst innerhalb weniger Monate oder Jahre unbrauchbar wird.

Ein weiterer Nachteil, der aus der Notwendigkeit der Vermessung der Fingerprints und deren Hinterlegung in einer Datenbank resultiert, ist der genuin proprietäre Ansatz. Solche Datenbanken sind nicht allgemein zugänglich und unterliegen keiner Standardisierung. Zudem sind sie meistens auf bestimmte Lokalitäten wie Bahnhöfe, Museen, Messehallen oder Flughäfen begrenzt. Einen Versuch, die WLAN-Netze flächendeckend zu kartographieren, startete das Unternehmen Google im Rahmen des Street-View-Projekts, bei dem nicht nur eine flächendeckende Fotodatenbank angelegt wurde, sondern auch die korrespondierenden WLAN-Hotspots mit erfasst wurden. Diese Datenerfassung wurde jedoch von Google im Zuge starker öffentlicher Kritik bereits 2010 eingestellt (vgl. FAZ 2010). Das Unternehmen Skyhook Wireless hat ebenfalls eine umfassende Datenbank von WLAN-Routern angelegt und nutzt diese kommerziell. In Nordamerika und Europa setzte das Unternehmen zahlreiche Fahrzeuge zur kartographischen Erfassung von WLAN-Hotspots ein, das sogenannte *Wardriving*. Diese Daten wurden vom Unternehmen Apple genutzt, um genaue und schnelle ortsbasierte Dienste (*Location Based Services*) zu entwickeln (Computerwoche 2009).

Inzwischen gibt es auch einen Open-Community-basierten Ansatz unter dem Namen „OpenWLANWeb", bei dem über Wardriving-Verfahren flächendeckend WLAN-Netze zur weiteren Verwendung erfasst werden sollen (http://www.openwlanmap.org). Dieser Ansatz folgt dem OpenStreetMap-Verfahren, bei dem ein nichtkommerzielles Pendant zu den etablierten Diensten geschaffen werden soll.

2.2.4 Inertialsensorik und weitere Ansätze

Ähnlich der WLAN-Lokalisierung können auch andere technische Verfahren wie *RFID* oder *Bluetooth Low Energy* (*BLE*) zur Lokalisierung genutzt werden. RFID steht für *Radiofrequenzidentifikation* und dient zur draht- und sichtlosen Informationsübertragung mittels Radiowellen. Das Verfahren basiert auf elektromagnetischer Induktion, mit der ein *RFID-Reader* einen sogenannten *RFID-Tag* (*RFID-Transponder*) aktiviert. Wird dieser aktiviert, so kann der RFID-Reader die in dem RFID-Tag gespeicherten Daten auslesen – meistens eine Nummernfolge – und in einer Datenbank den entsprechenden Informationen zuordnen. Es kann zwischen passiven (wie beschrieben) und aktiven bzw. semi-aktiven Verfahren unterschieden werden. Bei aktiven und semi-aktiven Verfahren ist der RFID-Tag ohne Induktion in der Lage, Informationen zu senden, und muss nicht aktiviert werden. Das RFID-Verfahren dient zur Informationsübertragung über relativ kurze Distanzen zwischen 0,1 und 10 m, kann aber mit entsprechenden Verfahren – bei sehr hohen RFID-Frequenzbändern im Mikrowellenbereich und aktiven bzw. semi-aktiven Transpondern – auf Distanzen bis zu 200 m aufgerüstet werden. Eine Lokalisierung von RFID-Tags ist dann möglich, wenn diese vorher georeferenziert und fest verbaut wurden. Das Ticket-System Touch&Travel (www.touchandtravel.de) basiert auf diesem Verfahren und nutzt dafür die verwandte *NFC-Technologie* (*Near Field Communication*). Zum Einsatz in wissenschaftlichen Untersuchungen ist dieses Verfahren nur begrenzt geeignet, da es auf eine zuvor installierte Infrastruktur angewiesen ist und nicht ortsunabhängig eingesetzt werden kann.

Das Verfahren der Ortung mittels BLE wurde vor allem von der Firma Nokia unter dem Namen *HAIP – High Accuracy Indoor Postioning* vorangetrieben und konnte bei der Ortung innerhalb geschlossener Gebäude eine beachtliche Genauigkeit von weniger als 0,5 m Abweichung erreichen (Nokia 2012). Die Firma Apple verfolgt derzeit ähnliche Ansätze und will sogenannte *iBeacons* als Leitsystem für Kunden einsetzen (vgl. Gurman 2013). Trotz dieser beachtlichen technischen Performanz des BLE-Ansatzes ist auch hier der proprietäre Ansatz ein Hinderungsgrund für den Einsatz in wissenschaftlichen Untersuchungen.

Ein weiterer interessanter Ansatz zur Lokalisierung basiert auf der ausschließlichen Nutzung der im Smartphone verbauten Sensoren. Damit ist keine weitere Infrastruktur erforderlich, sondern lediglich ein georeferenzierter Ausgangspunkt, vom dem aus die räumlichen Bewegungen analysiert werden können. Für dieses als *Dead Reckoning* bezeichnete Verfahren werden dreidimensionale Beschleunigungssensoren (*Accelerometer*), dreidimensionale Drehdatensensoren (*Gyroskope*) und ein Magnetfeldsensor (*Kompass*) genutzt. Die ersten beiden Sensoren dienen zur Messung der Geschwindigkeit und der Bewegungsrichtung, der Kompass misst den seitlichen Versatz (*Drift*). Die bisher erzielten Ergebnisse für die Indoor-Navigation zeigen jedoch noch deutliche Schwächen. Bereits nach wenigen Minuten ohne weitere Referenzierung steigen die Abweichungen von der tatsächlichen Position deutlich an und sind für einen praktischen Einsatz kaum noch geeignet. In Ergänzung zu GPS, WLAN oder Cell-Ortung kommt diesem Ansatz jedoch mehr Bedeutung zu. Hier kann die Inertialsensorik genutzt werden, um Signallöcher z. B. bei Tunneldurchfahrten, auszugleichen. Zudem gibt es Ansätze, in denen die Inertialsensorik genutzt wird, um Bewegungszustände zu analysieren und mithilfe der spezifischen Muster der Sensoraufzeichnungen auf bestimmte Verkehrsmittel zu schließen.

2.2.5 Zwischenresümee

Jedes der beschriebenen Lokalisierungsverfahren besitzt Defizite, die auf die technische Konzeption und infrastrukturellen Grundlagen zurückgeführt werden können. GPS-Signale benötigen den freien Blick zum Himmel, Zellortung und WLAN-Lokalisierung setzen eine vorhandene Infrastruktur und entsprechende Datenbanken voraus, in denen die Positionen der Infrastruktur-Elemente georeferenziert wurden. Bei den Lokalisierungsverfahren in Smartphones hat sich in der Praxis die Kombination der verschiedenen Lokalisierungsverfahren als nützlich erwiesen. Dabei spielt auch das Energiemanagement der Smartphones eine Rolle, da die Lokalisierung mit GPS oder WLAN energieaufwändiger ist als die Lokalisierung über Cell IDs. Die *hybride Lokalisierung* bietet neben der Redundanz der Systeme auch den Vorteil, dass sich unplausible Werte besser identifizieren und aussortieren lassen. Bei neueren Smartphones wird bereits im Gerät auf Basis der verfügbaren Lokalisierungstechnologien die aktuelle Position berechnet und über den sogenannten *Positioning-Layer* bereitgestellt. Verfahren der hybriden Lokalisierung bieten den Vorteil, dass sie robust gegen Umweltfaktoren sind und sowohl in geschlossenen Räumen als auch in urbanen oder ländlichen Gebieten akzeptable Ergebnisse liefern. Der Nachteil für deren Nutzung im Rahmen von Forschungsaktivitäten ist die fehlende Transparenz der angewendeten Algorithmen, da nicht nachvollziehbar wird, auf welche Weise die Lokalisierung erfolgt.

2.3 Einsatz von GPS in den Verkehrswissenschaften

2.3.1 Die ersten verkehrswissenschaftlichen Studien mit GPS

Die serienmäßige Ausstattung von Smartphones mit GPS-Empfängern hat sich erst seit etwa 2008 etabliert. Die noch nicht vollständige Verbreitung GPS-fähiger Smartphones ist neben technischen Restriktionen immer noch ein wesentlicher Grund, warum auf deren Einsatz in wissenschaftlichen Untersuchungen weitestgehend verzichtet wird. Die wenigen explorativen Pilotstudien widmen sich dabei vor allem Fragen nach der prinzipiellen Möglichkeit des Einsatzes von Smartphones in wissenschaftlichen Studien, nach Vor- und Nachteilen im Vergleich zu herkömmlichen Erhebungsmethoden, nach technischen Restriktionen sowie nutzerseitigen Anforderungen (vgl. Ohmori et al. 2005; Fan et al. 2012; Cottrill et al. 2013). Die Nutzung von GPS hat sich hingegen deutlich früher als eine sinnvolle Ergänzung bzw. als Ersatz zu alternativen Erhebungsmethoden gezeigt.

Eine der ersten verkehrswissenschaftlichen Untersuchungen mit dem Einsatz von GPS war der im Herbst 1996 durchgeführte „Lexington Area Travel Data Collection Test" (vgl. Wagner 1997), der sich vor allem als Proof of Concept verstand. Die Nutzerfreundlichkeit der eingesetzten GPS-Empfänger und Datenlogger war im Vergleich zu heutigen portablen Geräten noch recht gering. Sie wogen mehrere Kilogramm, bestanden aus vier Komponenten (Handheld PC, GPS Receiver, User Interface, Memory Card) und mussten fest in die Pkws der Probanden verbaut werden, um eine kontinuierliche Stromversorgung sicherzustellen. Dennoch konnte diese Studie zeigen, dass der Einsatz technik- bzw. satellitengestützter Erhebungsverfahren in den Verkehrswissenschaften einen wichtigen Fortschritt im Hinblick auf die Quantifizierbarkeit und damit auf die Objektivität der Wegedaten darstellt und in Zukunft an Bedeutung gewinnen wird:

> This approach for travel data collection has significant potential for future application in travel surveys. Although envisioned primarily as a supplement to traditional survey methods, the data from CASI surveys will provide insights that help shape the traditional methods, thus improving the overall process. This potential, demonstrated in the Lexington field test, will grow as the hardware and software tools continue to mature. (Wagner 1997, S. 91)

2.3.2 Nutzung von GPS zur Ermittlung von Korrekturfaktoren

Zweifel an der Genauigkeit traditioneller Erhebungsverfahren wie Befragung und Wegetagebuch wurden schon länger diskutiert. Bereits Anfang der 1980er Jahre hat Werner Brög auf unterschiedliche Ursachen hingewiesen, die dem „Underreporting" zugrunde liegen (Brög et al. 1982). Dabei wies er neben der Nachlässigkeit der Probanden, alle Wege über mehrere Tage korrekt aufzuzeichnen, auf deren Einschätzung von Wegen als redundant hin sowie auf die Entscheidungsfreiheit, Wege aus persönlichen Gründen nicht aufzuführen (vgl. Wolf et al. 2003, S. 3). Mit GPS stand nun eine Technologie bereit, die einen empirischen Nachweis des Underreporting erbringen konnte. Gesucht wurden deshalb zunächst Korrekturfaktoren, um die systematischen Verzerrungen der Erhebungen mit Wegetagebüchern zu beschreiben und dann entsprechende Möglichkeiten zu entwickeln, diese Verzerrungen zu minimieren (vgl. Bricka und Bhat 2006a).

In der Analyse mehrerer Studien, u. a. des Kansas City Household Survey (NuStats 2004) und der Ohio Statewide Travel Study (Pierce et al. 2003), konnte gezeigt werden, dass bestimmte demografische Faktoren einen großen Einfluss auf das Underreporting haben. So neigen besonders jüngere Personen unter 30 Jahren und auch ältere Personen über 50 Jahre dazu, getätigte Wege nicht im Wegetagebuch zu erwähnen. Die gleichen Effekte zeigten sich generell auch bei Männern, Personen mit geringem Bildungsniveau, bei Arbeitslosen, bei bestimmten Berufsgruppen sowie bei Familien mit Kindern. Auch die Eigenschaften der zurückgelegten Wege konnten mit dem Underreporting in Verbindung gebracht werden und zeigten sich signifikant häufig bei Personen, die lange oder viele Wege zurücklegen, und auch bei komplexen Wegeketten, die aus vielen kurzen Wegen bestehen (Ergebnisse nach Bricka und Bhat 2006a, b). Neben diesen Faktoren bestätigten

Bricka und Bhat die These von Brög, dass die Belastung der Probanden durch die Erhebung dazu beiträgt, dass vor allem bei mehrtägigen Untersuchungen mit zunehmender Dauer die Lücken in den aufgezeichneten Daten zunehmen oder die Aufzeichnung sogar vollständig unterlassen wird.

2.3.3 Einsatz von personengebunden GPS-Datenloggern

GPS-gestützte Erhebungen können in dieser Hinsicht einen großen Beitrag leisten, die Last der Probanden bei der kontinuierlichen Erfassung des eigenen Mobilitätsverhaltens zu verringern. Der technische Fortschritt konnte in den vergangenen Jahren dazu beitragen, die Größe der GPS-Datenlogger deutlich zu reduzieren, sodass Probanden die Geräte ständig bei sich führen können. Damit sind auch Erhebungen über alle Verkehrsmodi möglich und sind nicht mehr ausschließlich auf das Auto beschränkt. Allerdings war die Qualität der erfassten Daten über GPS-Datenlogger aufgrund der technischen Restriktionen noch soweit begrenzt, dass auch weit in die 2000er Jahre hinein GPS-gestützte Erhebungen immer in Kombination mit herkömmlichen Wegetagebüchern erfolgten. Sen und Bricka berichten, dass es in den Vereinigten Staaten bis 2009 nur zwei große Studien gab, die zur Wegeerfassung ausschließlich GPS-Datenlogger einsetzten (Sen und Bricka 2009, S. 4).

Schwierigkeit bereiteten nicht nur die Datenlücken aufgrund von Abschattung durch Bauwerke, aufgrund der Warm/Cold-Start-Problematik und von weiteren Effekten, die sich negativ auf die Signalgüte auswirken (vgl. dazu Abschn. 0), sondern auch in der begrenzten Aussagekraft reiner GPS-Daten. So lassen sich Wegezwecke nur bedingt aus den Daten ablesen. Auch die Unterscheidung, ob eine Person bei einer identifizierten Pkw-Fahrt selbst gefahren ist oder nur Beifahrer war, lässt sich nicht direkt aus den Daten herauslesen. Als Reaktion auf diese Defizite wurden die sogenannten *„Prompted Recalls"* entwickelt, die PDAs oder andere Mobilgeräte nutzten, um Probanden während der Erhebung oder ex post zur Datenvalidierung zu animieren bzw. zusätzliche Informationen wie eben Wegezwecke zu erfassen (u. a. Auld et al. 2008, 2010; Lee-Gosselin et al. 2006; Li und Shalaby 2008; Stopher et al. 2004). Schon die bereits erwähnte Studie von Wolf et al. in Lexington nutzte zusätzlich PDAs, um fehlerhafte GPS-Daten bzw. korrespondierende Wege zu identifizieren und den „good PDA trips" (Wolf et al. 2003, S. 35) die Wegezwecke zuzuordnen. Mit der *CHASE-Methode* von Doherty et al. (2001) wurde ein Ansatz gefunden, um nicht nur die Wegezwecke, sondern auch die zugrunde liegenden Entscheidungsprozesse zu erfassen:

> Briefly, the CHASE survey is a computer-based, self-completion program designed to automatically track the sequence of steps taken by individuals in a household to add and subsequently modify/delete activities to form their weekly activity schedule. (Doherty et al. 2001, S. 455)

Diese Studien konnten die Vielseitigkeit des Einsatzes technikgestützter Erhebungsverfahren demonstrieren, allerdings wurde oftmals der Aufwand für die Probanden deutlich erhöht, da sie nicht nur ein Wegetagebuch oder andere Befragungsinstrumente ausfüllen mussten, sondern zudem dazu aufgefordert wurden, über den Untersuchungszeitraum hinweg stets ein Datenerfassungsgerät mit sich zu führen.

2.3.4 Passive GPS-Erhebungen und die Ermittlung von Wegeparametern

Wird während einer Erhebung vollständig auf eine Interaktion der Probanden mit dem GPS-Datenlogger verzichtet, spricht man von einem passiven Ansatz. Ziel ist es, den Probanden möglichst wenig an die Untersuchungssituation zu erinnern und ihn so möglichst unbeeinflusst in seinem Verhalten beobachten zu können. Hier haben vor allem Forschungen von Kay Axhausen, Jean Wolf und Peter Stopher dazu beigetragen, neue methodische Ansätze und elaborierte Algorithmen zu entwickeln, um aus den passiv erhobenen GPS-Daten eine hinreichend genaue Modusidentifizierung zu ermöglichen (vgl. u. a. Axhausen et al. 2003; Schüssler und Axhausen 2008; Stopher 2008; Stopher et al. 2006, 2008; Wolf 2004, 2006, 2012).

Bei der Ermittlung der genutzten Verkehrsmodi ist zunächst die Identifizierung eines Weges bzw. einer Etappe erforderlich. Abgesehen von technisch verursachten Datenlücken ist auch bei lückenlos erfassten GPS-Daten die Unterscheidung, wann ein Weg beginnt bzw. endet, eine große Herausforderung. Eine übliche Definition von „Weg" beschreibt ihn „als eine Ortsveränderung zu einem bestimmten Zweck. Ein Weg wird zur Raumüberwindung mit Hilfe eines oder mehrerer Verkehrsmittel durchgeführt, um von einer Aktivität, die eine ortsbezogene Handlung darstellt, zur nächsten zu gelangen" (BMVIT 2011, S. 14).

Mit GPS kann nicht beobachtet werden, ob eine Aktivität durchgeführt bzw. beendet wurde oder nicht. Damit lässt sich das Ende eines Weges mit GPS nur anhand der Verweildauer an einem Ort bestimmen. Dazu finden sich unterschiedliche Zeitintervalle, die von 120 bis 900 s reichen (vgl. Schüssler und Axhausen 2008; Stopher et al. 2006). Es lässt sich leicht anhand von Beispielen zeigen, dass es hier keinen fixen Wert geben kann. Eine sehr kurze Aktivität, wie etwa das Einwerfen eines Briefes in einen Briefkasten, kann man mit diesen Zeitintervallen nicht erfassen. Damit ist auch die Erfassung eines Wegeendes nicht möglich. Umgekehrt können selbst lange Verweildauern an einem Ort nicht immer als Hinweis auf das Ende eines Weges gewertet werden, da ebenso Stau oder ein langer Aufenthalt im Zug an einem Bahnhof die Ursachen dafür sein können. Die Anzahl von Wegen kann damit ebenso wenig exakt erfasst werden, wie dies mittels Wegetagebüchern möglich ist, denn auch hier obliegt die Einschätzung, wann ein Weg zu Ende ist, dem einzelnen Probanden und wird selten über eine ganze Erhebung hinweg einheitlich sein.[7]

---

[7] In den FAQ der großen deutschen Mobilitätsstudie „Mobilität in Deutschland" findet sich folgender Hinweis: „Ob eine Person für einen Weg die Verkehrsmittel ‚zu Fuß' und ‚Auto' oder nur ‚Auto' angibt, hängt von der subjektiven Einschätzung des Befragten ab" (MiD 2008).

Die Identifizierung der genutzten Verkehrsmittel ist bei passiven Erhebungen deutlich einfacher als bei aktiven, da die unterschiedlichen Verkehrsmittel bestimmte Charakteristika hinsichtlich Geschwindigkeit, Beschleunigung, Zwischenstopps und Höchstgeschwindigkeit aufweisen. Für die Verkehrswissenschaften ist es jedoch von großem Interesse, nicht nur die Verkehrsmittelnutzung, sondern darüber hinaus auch die Wegezwecke zu identifizieren. Über die tageszeitlichen Aufenthaltsorte lässt sich unter bestimmten Bedingungen aus den bloßen GPS-Daten lediglich der Wohnort oder der Arbeitsplatz ableiten. Um jedoch umfassend auch die Wegezwecke zu ermitteln, sind externe Datenquellen mit einzubeziehen. Kawasaki und Axhausen haben auf diese Weise in einer explorativen Studie einen Algorithmus für den Wegezweck „Shopping" entwickelt (Kawasaki und Axhausen 2009). In der Literatur finden sich weitere Hinweise, bei denen die Probanden aufgefordert wurden, Angaben zu Wohnort, Arbeitsplatz und häufig besuchte Einkaufsstätten anzugeben, um auf dieser Basis den identifizierten Wegen entsprechende Zwecke zuzuordnen (Clifford et al. 2008). Generell kann die Nutzung externer Datenquellen wertvolle Unterstützung auch bei der Modusidentifizierung bieten. *GIS-Daten (GeoInformationsSystem)* zu Trassen- und Straßenverläufen helfen dabei, schienen- von straßengebundenen Verkehren zu unterscheiden. Busfahrten lassen sich durch ein Matching mit GIS-Daten zu Haltestellen noch genauer bestimmen. Kritisch ist vor allem die Unterscheidung zwischen Fahrten im privaten Pkw und Carsharing-Fahrten. Dazu können die Carsharing-Buchungsdaten hinzugezogen werden, bei denen Buchungsstart und -ende mit Informationen zu identifizierten Autofahrten verglichen werden.

2.4 Datenschutz und Akzeptanz

Je mehr externe Datenquellen mit einbezogen werden, desto leichter lassen sich die GPS-Daten in Bezug auf Verkehrsmittel und Wegezwecke interpretieren. Allerdings stößt man mit diesen Ansätzen in der Praxis schnell an Grenzen der Akzeptanz und des Datenschutzes. Welche externen Datenquellen überhaupt nutzbar sind und wie weit sich auf solcher Grundlage Probanden bereit erklären, wissenschaftliche Studien zu unterstützen, bei denen ihr exaktes Wegeprofil mitsamt den zugehörigen Wegezwecken ermittelt wird, erscheint derzeit höchst fraglich. Hier können Verfahren förderlich sein, bei denen der Proband weiterhin die Datenhoheit besitzt, indem er Daten über eine interaktive Website löschen kann. Zudem ist eine genaue Darlegung, was zu welchem Zweck erhoben wird, eine Minimalanforderung des Datenschutzes, die erfüllt werden muss. Spielerische Elemente oder Erkenntnisse über das persönliche Mobilitätsverhalten, wie sie zum Beispiel der individuelle CO_2-Fußabdruck liefert, können zudem die Akzeptanz unter den Befragten fördern.

Die Bedeutung von Datenschutz und Datensicherheit für die Teilnahmebereitschaft der Probanden ist in den letzten Jahren zunehmend gestiegen. 2007 berichtete John Krumm noch von einer sehr gering ausgeprägten Sorge um Datenschutzaspekte unter den Probanden, gleichzeitig zeigte er aber, wie leicht die scheinbar anonym erhobenen Lokalisierungsdaten personalisiert werden können (Krumm 2007). Erst 2009 wurde eine grundsätzliche Diskussion über die Bedeutung des Datenschutzes angestoßen und das Konzept der „Privacy by Design" anhand von sieben grundlegenden Prinzipien entwickelt (Cavoukian 2009).

Privacy by Design nimmt dabei zunächst technische Aspekte in den Blick und fordert u. a. proaktiven Datenschutz, berücksichtigt zudem Privacy *by Default* (d. h. die Grundeinstellungen technischer Geräte sollten dem Datenschutz, nicht dem Nutzerkomfort Rechnung tragen), durchgängige Sicherheit und Transparenz. Doch über den technozentrierten Ansatz hinaus sollten auch sozio-technische Aspekte Berücksichtigung finden. Gürses et al. sprechen von einer „Trilogie", die gegeben sein muss, um das Konzept der Privacy by Design zu erfüllen und die neben dem IT-System auch die Zurechenbarkeit der Geschäftspraktiken sowie die IT-Umgebung und Netzwerkstrukturen mit einbezieht. (vgl. Gürses et al. 2011, S. 5) Besonders der zweite Aspekt betrifft die „weichen" Faktoren beim Datenschutz, zu denen auch die Datensparsamkeit gehört:

> Privacy by Design bewirkt mehr als nur die Gewährleistung des Datenschutzes; Privacy by Design bedeutet auch, die Erhebung und Verarbeitung personenbezogener Daten auf ein Minimum zu beschränken (Grundsatz der Datensparsamkeit). (Schaar 2010, S. 10)

Gerade aus dieser Anforderung entsteht ein Spannungsfeld, denn im Bereich der Datenerhebung mit Lokalisierungstechniken ist Datensparsamkeit kaum zu realisieren. Daten, die zur Ermittlung der genutzten Verkehrsmittel erforderlich sind, beinhalten zahlreiche weitere Informationen, die nicht getrennt werden können. Aus den GPS-Daten lassen sich nicht nur Rückschlüsse auf den Wohnort oder den Arbeitsplatz ziehen, sondern darüber hinaus auch auf Hobbys, Lebenswandel oder bevorzugte Einkaufsstätten. Ein gangbarer Weg in der Vermittlung zwischen Forschungsinteresse und Datenschutz liegt in einer klaren Darlegung sowohl der Forschungszwecke als auch der Verwendung und Auswertungstiefe der erhobenen Daten, in der Herausgabe der Informationen zu Speicherort und -dauer sowie in einer Begrenzung des Zugangs zu den Daten im Rahmen von Datenschutzerklärungen und AGBs.

Allerdings kann die Nutzung des eigenen Smartphones bei den Probanden bereits akzeptanzfördernd gegenüber GPS-Dataloggern wirken, da hier ein dem Nutzer vertrautes Gerät zum Einsatz kommt und damit auch das Ausschalten bzw. Löschen von Daten und Programmen geringere Hürden bedeutet als bei fremden Geräten. Insgesamt scheint die Beachtung und Betonung von Datenschutz- und Datensicherheitsaspekten ein wichtiger Erfolgsfaktor beim Einsatz von Smartphones in der Verkehrsforschung zu sein, dem kaum genügend Achtung geschenkt werden kann.

2.5 Fazit und Ausblick

Der Einsatz von Smartphones als Erhebungsinstrument hat sich trotz vieler Vorteile bisher nur zögerlich in die Diskurse der verkehrswissenschaftlichen Forschung eingeschlichen. Es herrscht Skepsis, zu sehr überwiegen noch die Vorbehalte gegenüber den technischen, methodischen und datenschutzrechtlichen Anforderungen, die bislang noch nicht aus dem Weg geräumt werden konnten. Dazu fehlt es weiter an Feldstudien, um Erfahrungen über die technische Performanz der eingesetzten Smartphones und Hinweise über die Güte der angewendeten Algorithmik und Heuristiken zu sammeln. Auch Zusammenhänge zwischen Akzeptanz, Datenschutz und medialer Öffentlichkeit sind als kritischer Erfolgsfaktor genaueren Untersuchungen zu unterziehen.

Mit diesem Beitragsband soll deshalb nicht nur eine Bestandsaufnahme der unterschiedlichen Forschungs- und Entwicklungsaktivitäten in diesem Feld gemacht werden. Ziel ist es darüber hinaus, eine Grundlage zu schaffen, die zum Einsatz von Smartphones in der Verkehrsforschung ermutigt. Denn die Vorteile sind offensichtlich. Eine hohe Datengenauigkeit kann über mehrere Tage hinweg mit traditionellen Erfassungsmethoden nicht erreicht werden. Damit lassen sich Erkenntnisse zu bislang ungelösten Fragestellungen finden. Die Anwendungsfelder sind vielfältig und reichen von der Bewertung von Umweltwirkungen neuer Verkehrsangebote über die Realisierung mehrtägiger Mobilitätspanels bis hin zur Ermittlung von umfassenden Wegedaten als Inputgröße für Modellierungen (*Multiagenten Simulation*), die ein innovatives Tool der Verkehrsplanung darstellen. Auch GPS-Datenlogger können die gleiche Datengrundlage schaffen und zeigen sich zudem robuster gegen die große Varianz in der Qualität der eingebauten Mikro-Sensoren. Doch auch hier überwiegen die Vorteile von Smartphones, denn durch deren Nutzung lassen sich kostengünstig große Fallzahlen in Erhebungen realisieren, da lediglich eine entsprechende Software bzw. App benötigt wird. Die Hardware steuert der Proband selbst bei. Zudem kann davon ausgegangen werden, dass das Smartphone selten zu Hause vergessen wird, da es als Kommunikationsmedium unersetzlich und deshalb zum ständigen Begleiter geworden ist.

Ob Smartphones in der Lage sind, andere Erhebungsmethoden abzulösen, oder diese immer nur ergänzen können, soll nicht an dieser Stelle ausgeführt werden. Dazu fehlen bislang umfassende Erfahrungen aus der Forschungspraxis. Ziel ist es, mit diesem Band eine Diskussion anzustoßen, wie der Einsatz von Smartphones zukünftig erfolgen kann, welche Herausforderungen bestehen und wie diese bewältigt werden können.

Literatur

Auld, J, Williams C, Mohammadian A (2008) Prompted Recall Travel Surveying with GPS. Paper presented at the 2008 Transport Chicago Conference. http://www.transportchicago.org/uploads/5/7/2/0/5720074/marketresearch-auld.pdf. Zugegriffen: 15. August 2013

Auld J, Frignani M, Williams C, Mohammadian A (2010) Results of the Utracs Internet-based Prompted Recall GPS Activity-travel Survey for the Chicago Region. Lisbon, Portugal, July 11–15

Axhausen K, Schönfelder S, Wolf J, Oliveira M, Samaga U (2003) 80 weeks of GPS-traces: Approaches to enriching the trip information. Arbeitsbericht Verkehrs- und Raumplanung 17. 8. August 2003

Bauer, M (2011) Vermessung und Ortung mit Satelliten. 6. Aufl. Wichmann, Berlin

Bohte W, Maat K (2008) Deriving and validating trip destinations and modes for multi-day GPS-based travel surveys: a large-scale application in the Netherlands. Paper presented at the 8th International Conference on Survey Methods in Transport: Harmonisation and Data Comparability. Annecy

Bricka S (2008) Non-Response Challenges in GPS-Based Surveys Resource. Paper Prepared for the May 2008 International Steering Committee on Travel Survey Conferences Workshop on Non-Response Challenges in GPS-based Surveys

Bricka S, Bhat C R (2006a) Comparative Analysis of GPS-Based and Travel Survey-Based Data. Paper #06-0459. TRB, 2006

Bricka S, Bhat C R (2006b) Using GPS Data to Inform Travel Survey Methods. TRB. http://online-pubs.trb.org/onlinepubs/archive/conferences/tdm/papers/BS2B%20-%20brickabhat_innova-tions_gpsmethods2.pdf. Zugegriffen: 17. August 2013

Brög W, Erl E, Meyburg A H, Wermuth M J (1982) Problems of Nonreported Trips in Survey of Nonhome Activity Patterns. In: Transportation Research Record 891, S. 1–5

BMVBS (2013) Galileo – das europäische Satellitennavigationssystem. http://www.bmvbs.de/Shared-Docs/DE/Artikel/UI/galileo-das-europaeische-satellitennavigationssystem.html.   Zugegriffen: 18. Juni 2013

BMVIT – Bundesministerium für Verkehr, Innovation und Technologie (Hrsg.) (2011) Handbuch für Mobilitätserhebungen. Wien

Cavoukian A (2009) Privacy by design: The 7 foundational principles. Information and Privacy Commissioner of Ontario, Canada

Chung E-H, Shalaby A (2005) A trip reconstruction tool for GPS-based personal travel surveys. In: Transportation Planning and Technology 28 (5), S. 381–401

Clifford E, Zhang J, Stopher P (2008) Determining trip information using GPS data. Working Paper ITLS-WP-08-01. Institute of Transport and Logistic Studies, University of Sidney. Sydney

Computerwoche (2009) Skyhook baut seine weltweite WLAN-Karte aus. In: Computerwoche vom 02.06.2009.   http://www.computerwoche.de/a/skyhook-baut-seine-weltweite-wlan-karte-aus 1897425. Zugegriffen: 11. Oktober 2013

Cottrill C D, Pereira F C, Zhao F, Dias I, Lim H B, Ben-Akiva M, Zegras C (2013) The Future Mobility Survey: Experiences in developing a smartphone-based travel survey in Singapore. In: Transport Research Record, vol 2354, S. 59–67

Doherty S T, Noël N, Lee-Gosselin M, Sirois C, Ueno M (2001) Moving beyond observed outcomes: integrating Global Positioning Systems and interactive computer-based travel behaviour surveys. In: Transportation Research Board, National Research Council, Washington, D.C., S. 449–466

Fan Y, Chen Q, Liao C, Douma F (2012) Smartphone-Based Travel Experience Sampling and Behavior Intervention among Young Adults. CTS Project #2011066. Final Report. http://conservancy. umn.edu/bitstream/132726/1/CTS12-11.pdf. Zugegriffen: 13. Mai 2013

FAZ (2010) Google stoppt WLAN-Datenerfasung. In: FAZ vom 15.05.2010. http://www.faz.net/ aktuell/technik-motor/computer-internet/street-view-verletzt-datenschutz-google-stoppt-wlan-datensammlung-1981312.html. Zugegriffen: 14. Mai 2013

Gurman M (2013) Apple Stores to implement iBeacon location technology to improve service, boost sales. http://9to5mac.com/2013/11/16/apple-stores-to-implement-ibeacon-location-technology-to-improve-service-boost-sales/. Zugegriffen: 04. Oktober 2013

Gürses S, Troncoso C, Diaz C (2011) Engineering Privacy by Design, Paper presented at the Conference on Computers, Privacy & Data Protection, 25–28 January 2011

Jun J, Guensler R, Ogle J (2007) Smoothing methods to minimize impact of Global Positioning System random error on travel distance, speed, and acceleration profile estimates, Transportation Research Record, vol 1972, S. 141–150

Kawasaki T, Axhausen K (2009) Choice set generation from GPS data set for grocery shopping location choice modelling in canton Zurich: Comparison with the Swiss Microcensus 2005. Arbeitsberichte Verkehrs- und Raumplanung: Working Paper 595

Kowoma 2012 Der Aufbau des GPS-Signals, 16. September 2008. http://www.kowoma.de/gps/. Zugegriffen: 02. Juni 2013

Krumm J (2007) Inference Attacks on Location Tracks. Paper presented at the 5th International Conference on Pervasive Computing (Pervasive 2007), Toronto

Krygsman S, Nel J H (2009) The Use Of Global Positioning Devices in Travel Surveys. A Developing Country Application. Paper presented on the 28th Southern African Transport Conference (SATC 2009), Pretoria

Lee-Gosselin M E, Doherty S T, Papinski D (2006) An Internet-based Prompted Recall Diary with Automated GPS Activity-trip Detection: System Design. Proceedings of the 85th Annual Meeting of the Transportation Research Board, Washington, D.C.

Li Z, Shalaby A (2008) Web-Based GIS System for Prompted Recall of GPS-Assisted Personal Travel Surveys: System Development and Experimental Study, Transportation Research Board 87th Annual Meeting Compendium of Papers DVD, Transportation Research Board, Washington, D.C.

MiD 2008 (2010) FAQ – Häufig gestellte Fragen. Kapitel 19. http://www.mobilitaet-in-deutschland. de/09_faq/faq.htm#Kapitel19. Zugegriffen: 14. August 2013

Nokia (2012) Nomadic Solutions. Technology – HAIP (High Accuracy Indoor Positioning). http:// www.nomadicsolutions.biz/upload/file/produits/HAIP%20Indoor%20location/HAIP%20introduction%20janv%202013-2.pdf. Zugegriffen: 21. August 2013

NuStats (2004) Kansas City Household Travel Survey: GPS Study Final Report. Mid-America Regional Council, Kansas City

Ohmori N, Nakazato M, Harata N (2005) GPS Mobile Phone-Based Activity Diary Survey. Proceedings of the Eastern Society for Transport Studies 5, S. 1104–1115

Ong P (2009) Measuring Travel Behavior of Low-Income Households Using GPS Enabled Cell Phones; Multimodal Monitoring with Integrated GPS, Diary and Prompted Recall Methods. University of California Transportation Center, UCTC Research Paper No. 890

Pierce B, Casas J, Giaimo G (2003) Estimating Trip Rate Under-Reporting: Preliminary Results from the Ohio Household Travel Survey. In: Transportation Research Board 82nd Annual Meeting. Preprint CD-ROM. Transportation Research Board, National Research Council, Washington, D.C.

Schaar P (2010) Privacy by design. In: Identity in the Information Society 3 (2): S. 267–274

Scheiner J (2007) Verkehrsgeneseforschung. In: Schöller, O./W. Canzler/A. Knie, Handbuch Verkehrspolitik. Verlag für Sozialwissenschaften, Wiesbaden, S. 687–710

Schüssler N, Axhausen K (2008) Identifying Trips and Activities and Their Characteristics from GPS Raw Data without Further Information. Paper presented at the 8th International Conference on Survey Methods in Transport: Harmonisation and Data Comparability, Annecy

Sen S, Bricka S (2009) Data Collection Technologies – Past, Present, and Future. http://iatbr2009. asu.edu/ocs/custom/resource/W7_R1_Data%20Collection%20Technologies%20Past%20Present%20and%20Future.pdf. Zugegriffen: 04. Oktober 2013

Stopher P (2008) Collecting and Processing Data from Mobile Technologies. 8th International Conference on Survey Methods in Transport, Annecy

Stopher P, Collins A, Bullock P (2004) GPS Surveys and the Internet. Paper presented at the 27th Australasian Transport Research Forum (ATRF), Adelaide

Stopher P, Jiang Q, FitzGerald C (2006) Processing GPS Data for Travel Surveys. Paper presented at the IGNSS Annual Meeting, Brisbane. http://www.civ.utoronto.ca/sect/traeng/ilute/processus2005/PaperSession/Paper14_Stopher-etal_ProcessingGPSData_CD.pdf. Zugegriffen 14. August 2013

Stopher P, Clifford E, Zhang J, FitzGerald C (2008) Deducing Mode and Purpose from GPS Data. Paper presented to the Transportation Planning Applications Conference of the Transportation Research Board, Daytona Beach

Varshavsky A, Chen M Y, Froehlich J, Haehnel D, Hightower J., Lamarca A, Potter F, Sohn T, Tang K, Smith I (2006) Are GSM phones THE solution for localization. WMCSA '06 Proceedings of the Seventh IEEE Workshop on Mobile Computing Systems & Applications. IEEE Computer Society Washington, D.C., S. 20–28

Wagner D P (1997) Lexington Area Travel Data Collection Test: GPS for Personal Travel Surveys. Final Report for OHIM, OTA, and FHWA. http://www.fhwa.dot.gov/ohim/lextrav.pdf. Zugegriffen: 14. Mai 2013

Wolf J (2004) Application of new technologies in travel surveys. Paper submitted to the International Conference on Transport Survey Quality and Innovation, Costa Rica

Wolf J (2006) Applications of new technologies in travel surveys. In: Stopher P R, Stecher C C (Hrsg.): Travel Survey Methods - Quality and Future Directions. Oxford, S. 531–544

Wolf J (2012) GPS in Travel Surveys: Case Studies from a Spectrum of Options. Presentation at TRB, January 2012

Wolf J, Oliveira M, Thompson M (2003) The Impact of Trip Underreporting on VMT and Travel Time Estimates: Preliminary Findings from the California Statewide Household Travel Survey GPS Study. GeoStats, Paper No. 03-4230

Xu G (2003) GPS. Theory, Algorithms and Applications. Berlin

Zogg J-M (2009) GPS und GNSS: Grundlagen der Ortung und Navigation mit Satelliten. Thalwil

Das Elektronische Wegetagebuch – Chancen und Herausforderungen einer Automatisierten Wegeerfassung Intermodaler Wege

Korinna Stephan, Katja Köhler, Matthias Heinrichs, Martin Berger, Mario Platzer und Emanuel Selz

Zusammenfassung

Dieses Kapitel widmet sich Praxisberichten und Methodenkonzepten. Dabei erfolgt eine Gegenüberstellung von Wegetagebüchern und Smartphone-Trackern. Ausführlich werden hier die derzeit bestehenden Ansätze diskutiert, Wegetracking für die Mobilitätsforschung zu nutzen. Insbesondere wird eingegangen auf die Vor- und Nachteile von aktivem, d. h. mit einer stärkeren Nutzerbeteiligung, versus passivem Tracking sowie von ergänzendem versus substituierendem Einsatz von GPS-Trackern zum Wegetagebuch. Neben technischen Optimierungspotenzialen (z. B. in Bezug auf die Akkubelas-

K. Stephan (✉)
InnoZ GmbH, Torgauer Str. 12–15, 20829 Berlin, Deutschland
E-Mail: Korinna.stephan@innoz.de

K. Köhler · M. Heinrichs
Deutsches Zentrum für Luft- und Raumfahrt (DLR), Rutherfordstraße 2,
12489 Berlin, Deutschland
E-Mail: Katja.Koehler@dlr.de

M. Heinrichs
E-Mail: Matthias.Heinrichs@dlr.de

M. Berger · M. Platzer · E. Selz
verkehrplus, Prognose Planung und Strategieberatung GmbH,
Eduard-Rosenthal-Str. 30, 99423 Weimar, Deutschland
E-Mail: martin.berger@verkehrplus.de

M. Platzer
E-Mail: mario.platzer@verkehrplus.de

E. Selz
E-Mail: emanuel.selz@verkehrplus.de

M. Schelewsky et al. (Hrsg.), *Smartphones unterstützen die Mobilitätsforschung*,
DOI 10.1007/978-3-658-01848-1_3, © Springer Fachmedien Wiesbaden 2014

tung) wird dabei die enorme Bedeutung sowohl der Datenschutz-Aktivitäten (Anonymisierung der Daten, Datenhoheit beim Nutzer etc.) als auch der intensiven Interaktion mit dem Nutzer (Erinnerungs-SMS, Energiespartipps, Validierung etc.) deutlich.

3.1 Einleitung

Korinna Stephan

Wegetagebücher sind das klassische Instrument der Mobilitätsforschung. Hierbei ist die Forschung im Wesentlichen auf das Erinnerungsvermögen der Probanden angewiesen und natürlich auf deren Fähigkeit, Entfernungen zu schätzen. Es liegt daher die Vermutung auf der Hand, dass herkömmliche Wegetagebücher hochgradig fehleranfällig sind. Dies gilt ganz besonders für die sogenannten intermodalen Wege, bei denen mehrere Verkehrsmittel hintereinander eingesetzt werden und die aufgrund ihrer möglicherweise besonders geringen Länge und Dauer der einzelnen Teilstücke besonders fehlerbehaftet sein können. Dieses Kapitel beleuchtet daher die Möglichkeiten, die die modernen Ortungstechnologien in Verbindung mit Smartphones der Verkehrsforschung bieten könnten. Hierzu wurden eigene Tools entwickelt, mit denen über Ortungstechnologien Wege automatisiert erfasst werden können.

Das von Heinrichs und Köhler (Abschn. 3.1) erprobte Wegeerfassungstool nutzt das Smartphone für die genauere Bestimmung von intermodalen Wegeketten. Die Daten werden dabei zunächst auf dem Mobiltelefon gespeichert und später als Paket via Internet übermittelt. Den Nutzern wird auch die Möglichkeit gegeben, die Wege entweder direkt am Smartphone oder aber im Nachhinein über eine Kartenansicht am heimischen PC zu validieren und mit zusätzlichen Informationen anzureichern, da z. B. Wegzwecke aus dem Tracking in der Regel nicht abzuleiten sind. Die Möglichkeit der Bearbeitung der Wege erhöhte zugleich auch die Nutzerakzeptanz. Insgesamt wurden im Feldtest selbst Wege genau erfasst, bei denen das Verkehrsmittel mehrmals gewechselt wurde. Heinrichs und Köhler weisen darauf hin, dass es wichtig ist, mehrere Messpositionen auszuwerten, um Stopps auch wirklich als Wegende zu erfassen und kleine Bewegungen (z. B. Hin- und Herlaufen an einem Ort) nicht als Wege zu kennzeichnen. Sie haben außerdem gute Erfahrungen mit der Moduserkennung mittels Beschleunigungssensoren gemacht. Dennoch wurden einige Wege falsch kategorisiert z. B. als Wegende bei Wartezeiten an Bahnhöfen oder als neue Wege bei Aufenthalten auf Spielplätzen. Wege unter 100 m, Strom- oder Sensorausfall und die Durchquerung von Innenräumen werden jedoch auch vermutlich nach Ansicht der Autoren weiterhin dafür sorgen, dass eine automatische Wegeerkennung auch mittelfristig noch einer nachträglichen Validierung durch den Nutzer bedarf.

Berger, Selz und Platzer (Abschn. 3.2) stellen dabei die Tracking-App „SmartMo" vor, die zum Einen zuverlässig intermodale Wegeketten erfassen und zum Anderen für alle Nutzergruppen leicht verständlich und bedienbar sein soll. Bei diesem Tool müssen die Nutzer das Tracking aktiv starten und beenden sowie zusätzlich den Wegezweck, das

Verkehrsmittel und ggf. Begleitpersonen angeben. Die Registrierungsdaten (haushaltsbezogenen Daten im Webprofil sowie Personendaten im Smartphoneprofil) wurden dabei jeweils über ein Mapmatching mit den aktuell aufgezeichneten Wegedaten abgeglichen. Im Anschluss konnten die Testnutzer die Wege validieren und das gesamte Tool bewerten. Was die automatische Erfassung der intermodalen Wegeketten angeht, konnte dabei eine sehr hohe Qualität bei zwei Dritteln der Wege erreicht werden, während jeder zehnte Routentrack jedoch z. B. wegen Abschattungsproblemen in Bahnen eine so unzureichende Qualität besaß, dass der Weg nicht berechnet werden konnte. Neben technischen Optimierungspotenzialen (z. B. in Bezug auf die Akkubelastung) ist aus der Befragung zur User Experience die enorme Bedeutung sowohl der Datenschutz-Aktivitäten (Anonymisierung der Daten, Datenhoheit beim Nutzer etc.) als auch der intensiven Interaktion mit dem Nutzer (Erinnerungs-SMS, Energiespartipps, Validierung etc.) deutlich geworden.

3.2   Erfassung Intermodaler Wegstrecken mit dem Smartphone

Katja Köhler und Matthias Heinrichs

Der städtische Verkehr weist einen hohen Anteil von Wegen auf, bei denen mehr als ein Verkehrsmittel verwendet wird, sogenannte intermodale Wegstrecken. Das Verständnis dieser komplexen Wege beeinflusst die Güte von Verkehrsnachfragemodellen. Die Analyse von Verkehrsverhalten basiert auf der Auswertung von Wegetagebüchern, die häufig durch schriftliche Protokolle, mit Hilfe von Computern oder durch Telefoninterviews erstellt werden. Intermodale Wegstrecken erhöhen den Protokollaufwand erheblich und sind durch subjektive Rundungen der Befragten nur eingeschränkt aussagekräftig.

Die Integration von Positionierungssensoren in Smartphones erlaubt es, mit diesen Geräten automatisch mehrere Ortsveränderungen pro Minute zu erfassen. Durch den eingebauten Speicher und die verfügbare Internetverbindung eignen sich diese Geräte zur unkomplizierten Generierung von Wegeprofilen. In dieser Arbeit wird gezeigt, wie durch Verwendung mehrerer Sensoren eines Smartphones automatische Wegetagebücher mit intermodalen Wegstrecken generiert werden können. Das Smartphone zeichnet dazu Daten aller verfügbaren Sensoren auf und übermittelt sie gesammelt via Internet an einen externen Server. Die so erfassten Daten werden automatisch gefiltert, in Wege und Aktivitäten separiert und die Verkehrsmodi durch ein regelbasiertes System klassifiziert. Die Regeln berücksichtigen mögliche intermodale Wege, Geschwindigkeitsprofile und Auswertungen von Beschleunigungsdaten. Die vorläufigen Modi werden unter Verwendung von Google Maps dargestellt und der Nutzer hat die Möglichkeit, die Ergebnisse am Webbrowser zu validieren und nicht erwünschte Wege zu entfernen. Nach der Validierung wird die Genauigkeit der Methodik qualitativ beurteilt.

Die Methode wird in einer Pilotstudie angewandt und die Ergebnisse werden ausgewertet. Die vorläufigen Ergebnisse zeigen, dass die Modi mit sehr hoher Wahrscheinlichkeit korrekt erkannt werden. Dadurch ist es möglich, bei zukünftigen Studien nicht nur georeferenzierte, sondern auch intermodale Wegstrecken zu erheben, wodurch neue Möglichkeiten bei der Verkehrsverhaltensanalyse entstehen.

3.2.1 Herausforderungen bei der Erfassung von Intermodalen Wegen

Der städtische Verkehr weist einen hohen Anteil von Wegen auf, bei denen mehr als ein Verkehrsmittel verwendet wird, sogenannte intermodale Wegstrecken. Dies hat in den letzten Jahren weiter zugenommen. Waren im Jahr 2002 rund 10 % aller Wege in Kernstädten intermodal, so hat sich dieser Anteil 2008 auf etwa 13 % erhöht. Die Datengrundlage bilden die anonymisierten Daten der Erhebung „Mobilität in Deutschland (MiD)" 2002 und 2008 (MiD 2010). Intermodale Wege können von klassischen Erhebungsverfahren mit Wegeprotokollen nicht gut erfasst werden. Durch die starke Verbreitung von Smartphones und deren umfangreiche integrierte Sensorik liegt es nahe, diese Technologie für die Erfassung von Wegstrecken zu nutzen. In dieser Arbeit werden die Grenzen der klassischen Erhebungsmethoden aufgezeigt und daraus die Problemstellung abgeleitet. Danach wird eine neue Trackingtechnik in Form einer Smartphone-App vorgestellt, die Gebrauch von den vielen Sensoren eines Smartphones macht. Anschließend erfolgt eine Beschreibung der Nutzerverifikation der erhobenen Daten. Zuletzt werden die Ergebnisse diskutiert und Vorschläge für die Vergleichbarkeit mit vorherigen Studien gemacht.

3.2.2 Motivation

Bei derzeitigen Mobilitätserhebungen wie z. B. MiD oder dem „Deutschen Mobilitätspanel (MOP)" werden pro Weg alle genutzten Verkehrsmittel erhoben, nicht jedoch der Zeitanteil und der Entfernungsanteil, die auf die verschiedenen Verkehrsmittel entfallen. Somit sind nur Länge und Dauer der Gesamtstrecke bekannt, welche komplett dem Hauptverkehrsmittel zugeordnet werden, d. h. dem Verkehrsmittel, mit dem aller Wahrscheinlichkeit nach die längste Strecke zurückgelegt wird.

Bei Auswertungen der Wegelänge bzw. -dauer ist zu beobachten, dass Häufungen bei 5-Kilometer- bzw. 5-Minuten-Intervallen auftreten, was auf subjektive Rundungen der Befragten zurückzuführen ist (vgl. Abb. 3.1). Generell ist es sehr schwer, die Länge der Strecke zu schätzen, was besonders für Wege mit öffentlichen Verkehrsmitteln (ÖV) gilt.

Möchte man mit der bisher angewandten Methode (Wegeblatt in Kombination mit einem Telefoninterview) auch die Teilstrecken genau erfassen, dann erfordert dies viel Disziplin beim Ausfüllen des Wegeblattes und führt zu einem längeren Wegeinterview. Es müssten sowohl die genauen Uhrzeiten für Verkehrsmittelwechsel als auch die Längen aller Teilstrecken angegeben werden.

In den gegenwärtigen Mobilitätserhebungen bleiben bislang folgende Aspekte des Verkehrs- und Mobilitätsverhaltens ungeklärt oder eingeschränkt analysierbar:

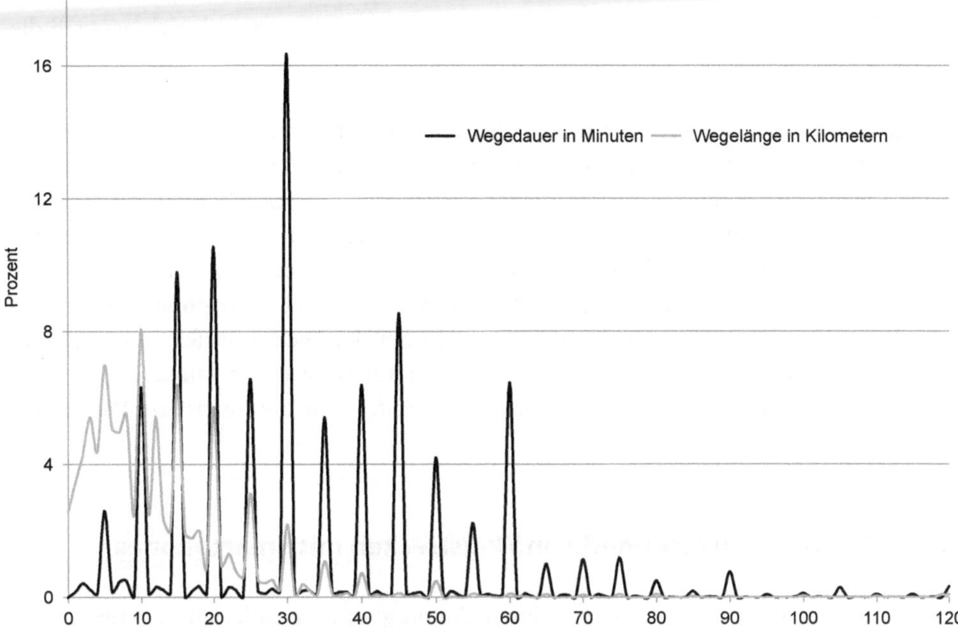

Abb. 3.1 Verteilung der Wegelänge und -dauer. (Quelle: BMVBS (Hrsg.): Daten der MiD 2008, eigene Darstellung)

- Der höchste Anteil intermodaler Wege entfällt auf die Kombination aus Fußweg mit öffentlichen Verkehrsmitteln. Hier ist aktuell unklar, ob es sich bei den Fußwegen nur um kurze Zu- bzw. Abgänge von der Haltestelle handelt oder ob tatsächlich eine längere Strecke zu Fuß zurückgelegt wurde.
- Einen ebenfalls großen Anteil bei den intermodalen Wegen bildet die Kombination aus Auto- und Fußweg. Auch hier ist es für die Berechnung der Fahrleistung, für die Verkehrsnachfragemodellierung oder für die Stadtplanung nützlich zu wissen, wie lang der Fußweg ist. Ein längerer Fußweg deutet dann evtl. darauf hin, dass z. B. aufgrund von Parkraumbewirtschaftung oder einer Umweltzone ein entfernterer Parkplatz gewählt wurde.
- Die klassischen Park&Ride-Wege werden aktuell nicht exakt erfasst. Fährt man mit dem Auto zur Bahn, so wird die Gesamtstrecke dem ÖV zugeschrieben. Der Weg mit dem Auto wird bei einer Ermittlung der Auto-Fahrleistung nicht berücksichtigt. Das genaue Verständnis intermodaler Wege würde zu einer Verbesserung der Ermittlung von Fahrleistungen beitragen. Somit könnten auch Emissionen genauer bestimmt werden.
- Bei der Kombination von Fahrrad und ÖV ist aktuell nicht bekannt, ob es sich um eine lange Fahrradtour mit einer kurzen Bahnfahrt handelt oder ob das Fahrrad nur als Zugang zur Bahn genutzt wurde. Eine genauere Analyse der intermodalen Wege kann

demnach auch zur besseren Erfassung des Radverkehrs dienen und auch generell die Güte von Verkehrsnachfragemodellen verbessern.

Die Idee ist nun, die Wegeerfassung zu vereinfachen und dafür moderne Technik zu nutzen. Smartphones sind mit mehreren Sensoren ausgestattet, die eine Positionierung inklusive Zeitstempel ermöglichen. Außerdem besitzen sie einen Beschleunigungssensor zur Bewegungserkennung und einen großen internen Speicher. Smartphones sind zumeist angeschaltet und werden fast immer mitgeführt, d. h. eine Untersuchungsperson muss kein weiteres Gerät mit sich führen wie z. B. GPS-Datenlogger. Über Smartphones lassen sich in der Regel Internetverbindungen herstellen, worüber der Datentransfer erfolgen kann. Weiterhin verfügen sie über einen großen Bildschirm für Nutzerinteraktionen.

Diese Eigenschaften ermöglichen es, Smartphones für eine automatisierte Wegeerfassung zu nutzen.

3.2.3 Erfassen von Intermodalen Wegstrecken mit Smartphones

Das hier vorgestellte System wurde im Rahmen der programmorientierten Forschung „Verkehr" des Deutschen Zentrums für Luft- und Raumfahrt (DLR) entwickelt und erprobt. Es arbeitet in einer interaktiven Smartphone/Server-Struktur. Das Tracking selbst erfolgt auf dem Smartphone. Die aufgezeichneten Positionen werden an einen Server geschickt, der die Daten verarbeitet und zur Verifikation an den Nutzer zurücksendet. Der Nutzer überprüft und korrigiert gegebenenfalls die Daten auf dem Smartphone oder einem Webbrowser. Die verifizierten Daten können jetzt für die eigentliche Auswertung gespeichert werden. Im Folgenden werden die einzelnen Schritte genauer beschrieben.

Die Position des Smartphones kann mit mehreren Sensoren bestimmt werden. Jeder der Sensoren hat spezifische Vor- und Nachteile. Der energetisch genügsamste Sensor ist das Funksignal zum Telefondienstprovider selbst. Neben der Funkstärke ist auch die weltweit eindeutige ID des Funkmastes immer verfügbar, mit dem sich das Telefon aktuell verbunden hat. Da sich die Positionen der Funkmasten in der Regel nicht ändern, können diese IDs mit Datenbanken zu bestimmten Positionen zugeordnet werden (vgl. OpenCellID, Ericsson Lab). Allerdings decken Funkzellen einen Radius von mehreren hundert Metern ab, weshalb die Genauigkeit der Positionsbestimmung nicht unter 200 m und im ländlichen Bereich sogar meist über 1000 m liegt.

Ähnlich ist die Funktionsweise bei der Positionsbestimmung über die aktuell erreichbaren WLAN-Funkzellen bei aktiviertem WLAN. Durch die geringere Reichweite von WLAN-Funkzellen liegt hier die Genauigkeit in der Regel bei unter 200 m. Allerdings sind WLAN-Zellen sehr viel portabler und man muss sich bewusst sein, dass die Positionsbestimmung fehlerhaft sein kann, wenn die Datenbankeinträge der Zelle veraltet sind.

Der genaueste Sensor ist das satellitengestützte Ortungssystem GPS. Jedoch benötigt dieser Sensor eine relativ lange Initialisierungsphase, viel Energie und ist im Gegensatz zu den vorher genannten Sensoren nicht in Gebäuden verfügbar. Allerdings können sich die Funk- und GPS-Sensoren durch geeignete Kombinationen in ihren Eigenschaften er-gänzen.

Die Datenerfassung auf Smartphones ist durch die integrierten Datenbanken sehr ein-fach. Durch den ausreichend vorhandenen Speicherplatz ist es dabei ratsam, jede Position jedes Sensors zunächst für spätere Auswertungen zu speichern. Bei Positionsbestimmung aus WLAN oder GPS kann zusätzlich die ID der aktuellen Funkzelle gespeichert werden. Dadurch ist es möglich, Ausreißer sehr effektiv zu detektieren. Ist das GPS über einen Zeit-raum von einigen Minuten nicht verfügbar, sollte das Trackingsystem diesen Sensor bis zum nächsten Positionsupdate eines anderen Sensors abschalten, um den hohen Energie-verbrauch beim Initialisieren des GPS-Sensors einzusparen.

Die Daten auf dem Smartphone selbst zu prozessieren, ist zwar möglich, aber nicht zu empfehlen, weil die Rechenressourcen durch das Multitasking oft nur begrenzt zur Ver-fügung stehen und Datenbankoperationen durch Telefonate und andere Applikationen unterbrochen werden können. Daher werden in diesem System die Daten an einen Ser-ver geschickt, der die Daten prozessiert und die Resultate wieder zurück ans Smartphone schickt.

3.2.4   Datenverarbeitung

Die Verarbeitung der empfangenen Positionsdaten erfolgt in drei Schritten: Kombinierte Fehlererkennung und Filterung, Wegerkennung und Moduserkennung.

Fehlererkennung und Filterung Zuerst werden die Daten auf fehlerhafte Positionen untersucht und redundante Informationen herausgefiltert. Dazu wird zunächst geprüft, ob die Position zur übermittelten Funkzelle passt und die Geschwindigkeit unter einem gegebenen Schwellwert liegt, der mindestens bei der Höchstgeschwindigkeit von Schnell-zügen liegen sollte, aber auch ans Untersuchungsgebiet angepasst werden kann. Fehler-hafte GPS-Positionen passen häufig nicht zu den Positionen der Telefonzellen. Kennt man die Position der Sendemasten im Untersuchungsbereich, kann man über diese Positionen weitere fehlerhafte GPS-Positionen einfach aussortieren.

Da GPS-Positionen in der Regel genauer sind als Positionen aus Funk- und WLAN-Zellen, können zeitlich nahe ungenauere Positionen entfernt werden, um Sprünge zu ver-meiden, die nur durch die unterschiedlichen Genauigkeiten entstanden sind. Da WLAN-Zellen in dicht besiedelten Gebieten sehr häufig wechseln können, wird in jedem Minu-tenintervall nur die WLAN-Position mit der höchsten Genauigkeit gespeichert.

Wegerkennung Eine automatische Wegerkennung muss drei Kriterien erfüllen:

1. Start- und Zielpunkt müssen zuverlässig erkannt werden.

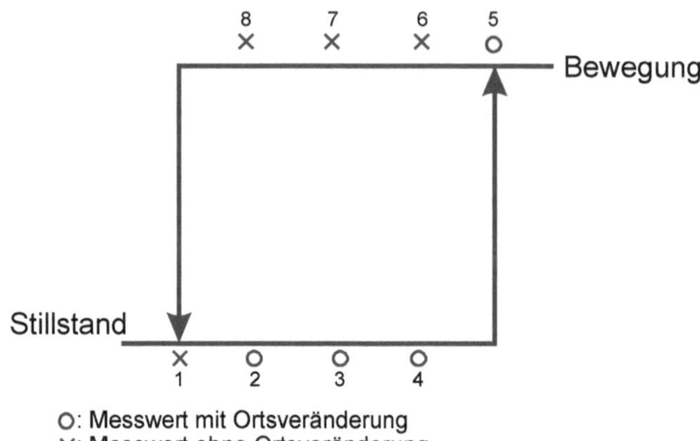

Abb. 3.2 Hysteresekurve zwischen Stillstand und Bewegung

2. Kurze Stopps an Ampeln oder Haltestellen während einer Fahrt dürfen nicht als neuer Weg erkannt werden.
3. Kleine Bewegungen an einem Aktivitätsort, beispielsweise Leeren des Briefkastens, dürfen nicht als Weg interpretiert werden.

Daher werden Ortsveränderungen bzw. Stillstand nicht sofort als Start und Stopp gewertet, sondern müssen eine gewisse Hysteresekurve durchlaufen (vgl. Abb. 3.2).

Ausgehend von einem Stillstand (Punkt 1) wird eine Bewegung erst erkannt, wenn eine gewisse Anzahl von neuen Messpunkten (Punkte 2-5) dem Ausgangszustand widerspricht. Umgekehrt wird ausgehend von einer Bewegung (Punkt 5) erst nach einigen Punkten Stillstand (Punkte 6-8 und 1) wieder der Zustand Stillstand erreicht. Um nun den exakten Zeitpunkt des Zustandswechsels zu bestimmen, wird nach einem Zustandswechsel untersucht, welches Element als erstes zum Zustandswechsel beigetragen hat und der Startpunkt entsprechend verschoben (Punkt 2 beim Zustandswechsel Stillstand/Bewegung bzw. Punkt 6 beim Wechsel Bewegung/Stillstand). Des Weiteren stellt dieses Verfahren sicher, dass die Wege eine Mindestzahl an Positionswerten haben. Rundwege mit gleichem Start und Ziel werden als solche markiert, weil hier Wegezweck und Weg oft nicht voneinander losgelöst betrachtet werden können.

Auch wenn GPS-Sensoren häufig eine Genauigkeit von 10 m angeben, hat sich gezeigt, dass das Rauschen um einiges höher ist. Daher wurde die Sensitivität für die Bewegungserkennung auf 100 m gesetzt.

Moduserkennung Die automatische Erkennung des Modus aufgrund der Geschwindigkeit und Entfernung zwischen den Positionen eines Weges kann nicht immer zweifelsfrei erfolgen (vgl. Patterson et al. 2003). Besonders die Bewegungsmuster von Bussen und Fahrrädern im städtischen Verkehr sind schwer voneinander zu unterscheiden.

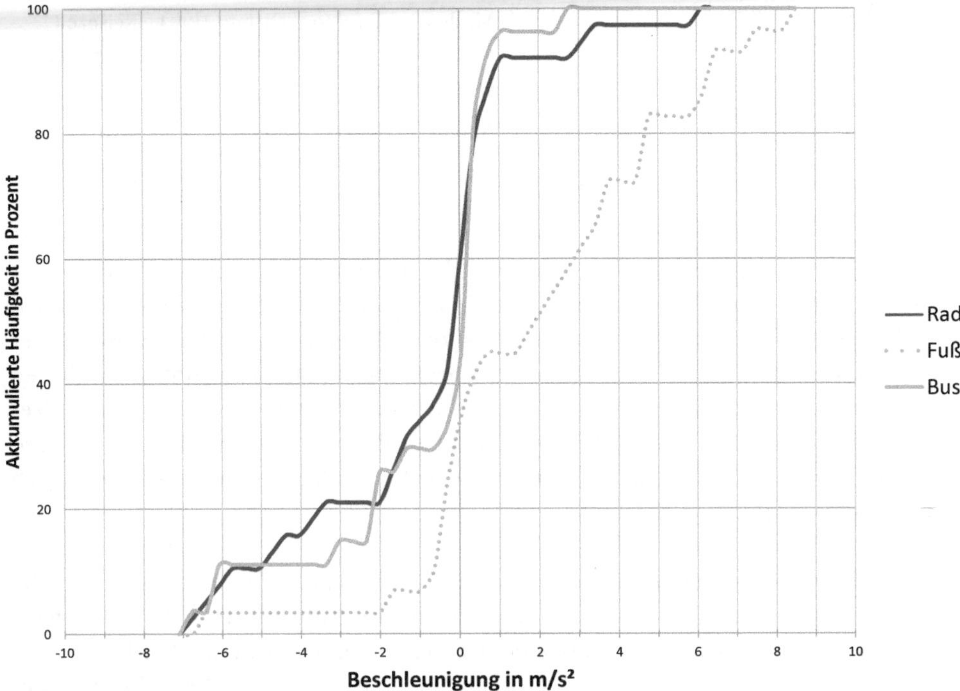

Abb. 3.3 Akkumulierte Häufigkeiten der Beschleunigungsdaten aus den Testdaten

In der Studie von Thiagarajan et al. (2010) wurde gezeigt, dass die Auswertung des Beschleunigungsverhaltens die Moduserkennung signifikant verbessert. Daher wird auch in diesem System der Beschleunigungssensor verwendet, allerdings mit Hilfe einer vereinfachten Technik.

Beschleunigungssensoren haben in der Regel eine Messfrequenz von 1 kHz und reagieren auf kleinste Veränderungen wie Antippen des Smartphones. Daher werden die Sensordaten über eine Sekunde akkumuliert und der Durchschnittswert wird verwendet.

Um das Verhalten des Beschleunigungssensors interpretieren zu können, wurden sechs Testfahrten mit den Verkehrsmitteln Fuß, Rad und Bus auf derselben 1,4 km langen Strecke durchgeführt. Die Auswertung der erhobenen Beschleunigungsdaten hat gezeigt, dass 96 % aller Positionen bei Auto-, Bus- und Bahnfahrten Beschleunigungswerte von weniger als 1 m/s² haben (vgl. Abb. 3.3).

Demgegenüber haben Strecken mit Fuß und Rad bei zehn Messwerten mindestens eine Beschleunigung von mehr als 1 m/s².

Damit lassen sich diese beiden Modusklassen auch während eines Weges gut voneinander trennen: Zuerst wird über den gesamten Weg geprüft, wie viele kritische Beschleunigungen vorliegen und wie hoch die Maximalgeschwindigkeit zwischen zwei Positionen ist. Anhand der Maximalgeschwindigkeit kann bestimmt werden, ob die schnellen Modi vorkommen und anhand der kritischen Beschleunigungen wird bestimmt, ob die langsamen

Tab. 3.1 Wegeverteilung der Evaluationsdaten

Modus	Punkte	Distanz (km)	Reisezeit
Fuß	346	12,03	2 h 25 min
Rad	224	2,56	15 min
Auto	4553	503,73	16 h 18 min

Modi überhaupt vorkommen. Nun wird der Weg an den Beschleunigungswerten über 1 m/s^2 segmentiert und man bestimmt über die Zeit, Strecke und Anzahl der Positionen dieses Segments, ob es eine „ruhige" Auto-, Bus- oder Bahnfahrt ist oder ein Fußweg oder eine Radfahrt. Zuletzt wird für die unruhigen Segmente anhand der durchschnittlichen Geschwindigkeit eines Segments und des Modus des vorherigen Segments bestimmt, ob es ein Fußweg oder eine Radfahrt ist. Die Entscheidung, ob eine ÖV- oder Autofahrt vorliegt, hängt sehr stark vom Untersuchungsgebiet und der Person ab und wird daher letztendlich über die Nutzerverifikation abgefragt.

Nutzerverifikation der aufgezeichneten Wege Die Nutzerverifikation erfolgt mit Hilfe einer Website mit einem interaktiven Kartenelement von Google Maps™ im Webbrowser und erfolgt direkt auf dem Smartphone oder an einem anderen Computer. Dabei wird der Nutzer gefragt, ob der jeweilige Weg real durchgeführt wurde, welchen Wegezweck er hatte und ob der automatisch erkannte Modus richtig ist. Fehler werden entsprechend vom Nutzer korrigiert und die korrigierten Daten gespeichert.

3.2.5 Ergebnisse des Pilotversuches

Die Nutzerverifikation erfolgte innerhalb eines Pilotversuches mit vier Nutzern anhand von 53 Wegen und 51 Zielen. Davon waren 19 Wege intermodal. Die Wege bestehen aus 5123 Punkten und insgesamt 518 km. Die Verteilung auf die einzelnen Verkehrsmittel ist in Tab. 3.1 zu sehen.

Durch den hohen Anteil von beruflichen Wegen ist der Anteil von Auto- und ÖV-Fahrten stark überrepräsentiert, diese Fahrten machen aber auch den Großteil an intermodalen Wegen aus. Die Ergebnisse der Nutzerverifikation sind in Tab. 3.2 aufgeführt. Hierbei wurden die Ergebnisse in drei Kategorien unterteilt: Einfache Wege mit nur einem Verkehrsmittel, intermodale Wege und Ziele. Zu den einfachen Wegen wurden auch Wege gezählt, bei denen die Zu- und Abgangswegstrecke unter der Messgrenze von 100 m lag. Der Zu- und Abgang kann in diesem Fall nicht vom Trackingsystem erkannt werden und sollte daher nicht als fehlerhafter intermodaler Weg ausgewertet werden. Bei den intermodalen Wegen wurden solche Wege als korrekt klassifiziert, bei denen die Abweichung der einzelnen Verkehrsmittelsegmente weniger als 100 m pro Segmentstart oder -ende betrug.

Bei der Zielbestimmung wurden solche Ziele als korrekt klassifiziert, die sich im Umkreis von 100 m zum realen Ziel befanden. Ein Problem bei der Zielbestimmung waren

Tab. 3.2 Auswertung der Nutzerverifikation

Einfache Wege		Intermodale Wege		Ziele	
Korrekt	Fehlerhaft	Korrekt	Fehlerhaft	Korrekt	Fehlerhaft
31	3	18	1	46	5

Aufenthalte im Freien, z. B. auf Kinderspielplätzen oder bei Gartenarbeiten. Diese Ziele wurden nicht korrekt erkannt, weil sich die Testpersonen während des gesamten Aufenthaltes bewegten, aber keinen eigentlichen Weg zurücklegten. Des Weiteren wurden Aufenthalte auf Bahnhöfen fälschlicherweise als Ziele klassifiziert, wenn die Wartezeit mehr als fünf Minuten betrug (vgl. Tab. 3.2).

In der Evaluationsstudie von Reddy et al. (2010) werden für verschiedene vergleichbare Techniken bei der Moduserkennung typische Fehlerraten von 6–15 % angegeben. Die hier vorgestellte Methodik hat mit ca. 10 % Fehlerrate eine ähnliche gute Genauigkeit bei deutlich reduzierter Komplexität. Die Verifikation hat kaum Fehler offenbart. Die Erkennung von intermodalen Wegen war sogar genauer als die Erkennung von Wegen mit einem einzigen Verkehrsmittel. Dies ist darauf zurückzuführen, dass besonders kurze Fußwege fehlerhaft verortet oder fälschlicherweise als Radwege interpretiert werden, wenn Start- und Endpunkt nicht exakt bestimmt wurden und dadurch die Geschwindigkeit zu hoch berechnet wurde. Generell ist es schwierig, nicht erkannte Wege auszuwerten: Besonders kurze Wege können systembedingt durch die räumlichen Toleranzen beim Start weniger gut erkannt werden und fehlen für die Auswertung.

3.2.6 Fazit und Empfehlungen für Zukünftige Erhebungen

Die Erfassung von intermodalen Wegstrecken mit Hilfe von Smartphones ist möglich und prinzipiell machbar. Mit Hilfe der in Smartphones eingebauten Beschleunigungssensoren können Zu- und Abgangswege zuverlässig erkannt sowie Fuß-und Radwege von Auto- und ÖV-Wegen getrennt werden. Allerdings können kurze Wege nicht immer erkannt werden, weil gerade der Übergang von Innenräumen mit schlechtem GPS-Empfang in den Außenbereich zu einer längeren Initialisierungsphase des GPS-Sensors führt, weshalb Wege von weniger als 200 m kaum vom Sensorrauschen unterschieden werden können. Ein schwer lösbares Problem stellen abgebrochene Wege dar, die durch mangelnde Akkuladung oder Sensorausfall entstehen.

Dennoch ist die Praktikabilität des Smartphone-Trackings sehr hoch, weil die meisten Wege exakter bestimmt werden können als mit Wegetagebüchern. Durch die Übertragung der Daten via Internet ist es nicht nötig, die Geräte zur Auswertung vor Ort zu haben. Besonders die interaktiven Webtechniken ermöglichen es, schnell die Daten zu verifizieren und so Telefoninterviews zu verkürzen. Allerdings ist nicht davon auszugehen, dass zukünftig die Weg-, Ziel- und Verkehrsmittelbestimmung ohne eine Nutzerverifikation erfolgen kann. Dafür sind die Bewegungsmuster einzelner Personen zu unterschiedlich.

Probleme mit der Akkulaufzeit wurden hier nicht behandelt, da davon auszugehen ist, dass sich die Akkulaufzeit durch bessere Technologie verbessert. Problematischer ist der Umgang mit dem Datenschutz, da rechtlich sichergestellt werden muss, dass die erhobenen Daten vor unbefugtem Zugriff geschützt sind, solange sie noch auf dem Smartphone gespeichert sind. Auch stellen sich durch die Güte der Positionierungsdaten weitergehende Fragen bezüglich der Anonymisierung.

Durch die genaue Bestimmung von Wegelängen und -dauern insbesondere für die einzelnen Segmente intermodaler Wege kann auf diese Weise das Verkehrsverhalten detaillierter erfasst werden als mit den bisher verwendeten Wegeprotokollen. Dadurch können bestehende Fragestellungen der Forschung und Planung z. B. zum Parkplatzsuchaufwand oder zu Umstiegszeiten beantwortet werden. Auch die Verkehrsnachfragemodellierung kann von dieser Methode profitieren, da mit diesen Daten genauere Verhaltensmodelle für die Moduswahl und Aufwandsberechnung – durch Bestimmung der Wartezeiten und Reiseweiten im ÖV – erstellt werden können.

Eine besondere Bedeutung erhält das Smartphone-Tracking bei der Erhebung von Mobilitätspanels, bei denen die Wege einer Person über eine längere Zeit ausgewertet werden sollen. Hier können häufig besuchte Ziele wie Wohnort, Ausbildungs- oder Arbeitsplatz durch die Aufenthaltsdauer automatisch erkannt werden. Ferner ist es möglich, Abweichungen von üblichen Routen zu bestimmen. Auch eine Ausweitung bei stichtaggebundenen Erhebungen über weitere Stichtage ist wegen des reduzierten Aufwands der Wegeerfassung denkbar und eröffnet neue Möglichkeiten bei der Datenauswertung.

Prinzipiell kann das klassische Wegeinterview durch das Smartphone noch nicht ersetzt werden. Zunächst ist die Marktdurchdringung von geeigneten Smartphones noch zu gering, um einen repräsentativen Querschnitt durch die Bevölkerung sicherzustellen. Auch muss die Vergleichbarkeit zu vorherigen Erhebungen gewährleistet werden, da zu erwarten ist, dass sich durch das geänderte Erhebungsdesign die Ergebnisse in bestimmten Teilbereichen allein durch die Methodik ändern werden. Des Weiteren haben derzeit jüngere Bevölkerungsgruppen eine höhere Smartphone-Besitzquote, was die Vergleichbarkeit zu anderen Gruppen zusätzlich erschwert. Daher wäre es anzuraten, bei anstehenden Erhebungen Smartphone-Teilnehmer sowohl klassisch per Fragebogen als auch mit Hilfe von Smartphones zu befragen, um Besonderheiten für die Vergleichbarkeit zu identifizieren.

3.3 Das SmartMo-Mobilitätsbefragungstool: Systemkonzeption und Nutzererfahrungen

Martin Berger, Dipl.-Ing. Mario Platzer und Dipl.-Ing. Emanuel Selz

Mobilitätsbefragungen profitieren von der rasanten Entwicklung der Informations- und Kommunikationstechnologien (IKT) einer hohen Marktdurchdringung von Smartphones. Mit Smartphones als ständige Alltagsbegleiter lassen sich detaillierte und umfassende Mobilitätsdaten gewinnen. Bei der mobilen Befragung dient der intuitiv und leicht bedienbare Touchscreen des Smartphones zur Erfassung von Personen- und Wegemerkmalen, während das multiple Ortungssystem (A-GPS, WLAN, GSM) zum automatischen Routentracking verwendet wird. Neben der experimentellen Entwicklung eines Prototyps für ein Smartphone-Mobilitätsbefragungstool dient ein erster Feldtest zur Erfassung von Mobilitätsdaten von Probanden dazu, die Eignung der Geräte in Bezug auf technische Leistungsfähigkeit und Nutzerakzeptanz zu überprüfen. Aus den Ergebnissen der Feldstudie kristallisieren sich drei Anforderungen zur Optimierung des Erhebungssystems heraus, die es zu lösen gilt: Die umfassende Berücksichtigung von Datenschutzanforderungen, die Optimierung des Energieverbrauchs der Smartphones und die Vermeidung des Vergessens von Wegen beim aktiven Tracking von Ortsveränderungen.

3.3.1 Hintergrund und Stand der Wissenschaft

Innovative verkehrliche Maßnahmen (z. B. ein höherer Stellenwert von Mobilitätsmanagement), gesellschaftliche Entwicklungen (z. B. Pluralität von Lebensstilen, komplexere Tagesabläufe infolge neuer Beschäftigungsverhältnisse und Familienkonstellationen) und innovative Verkehrsplanungsmethoden (z. B. aktivitätenbasierte Verkehrsnachfragemodelle) haben die Anforderungen an Mobilitätserhebungen in den letzten Jahren verändert. Es werden detaillierte, umfassende und valide Informationen zu Wegen bzw. Wegetappen mit Angaben zu Wegezweck, Verkehrsmittel, Begleitpersonen der Verkehrsteilnehmer für die Verkehrsplanung und -politik benötigt. Zentrale Herausforderungen sind:

- Wie lassen sich intermodale Wechsel, Reisezeiten und Routen, Nutzung „neuer" Verkehrsmittel (z. B. Pedelecs, Kfz mit unterschiedlichen Antriebssystemen), kurze Ortsveränderung etc. detailliert, umfassend und valide erfassen?
- Wie können repräsentative Mobilitätsdaten durch Verbesserung der Nutzerakzeptanz in breiten Bevölkerungsteilen, insbesondere bei schwer erreichbaren Personenkreisen gewonnen werden?

Die Entwicklung mobiler Ortungssysteme („GPS-Tracker") in den letzten Jahren hat erst die beträchtlichen Verzerrungen von Mobilitätsdaten durch Erinnerungseffekte, Under-/Standard-/Wrongreporting, insbesondere kurzer Wege, und Überforderungen bzw. Widerstände der Befragten sichtbar gemacht. Zahlreiche GPS-Machbarkeitsstudien mit einer großen Anzahl von Probanden belegen, dass zukünftige Mobilitätserhebungen nicht mehr auf Ortungssysteme zum Routentracking verzichten können (vgl. Wolf et al. 2008).

Bereits entwickelte Erhebungssysteme, die mobile, computergestützte und selbst-administrierte Mobilitätstagebücher (CASI, computer-aided self interviewing) mit Ortungstechnologien kombinieren, nutzen unterschiedliche Medien wie Mobiltelefone mit GSM (Wermuth 2001), PDAs mit GPS (Bellemans et al. 2008) und Smartphones mit GPS/GSM/WLAN. Zahlreiche Forschungsansätze haben diese Strategie zur Gewinnung von Mobilitätsdaten mit mobilen Methoden verfolgt, wurden jedoch teils vom rasanten Fortschritt der IKT überholt. Das Smartphone eröffnet neue Möglichkeiten, um Mobilitätsverhalten valider und objektiver zu messen: Marktgängige Smartphones verfügen über eine Vielzahl von Sensoren, wie z. B. Kamera, Mikrofon, digitaler Kompass, Gyroskop, Lichtsensor, GPS und Touchscreen, die ein Potenzial zur automatischen Erfassung von Mobilitätsdaten besitzen. Während Chen und Fan (2012) den dreidimensionalen Beschleunigungsmesser, den GPS-Empfänger und die dreidimensionalen magnetischen Sensoren zur automatischen Erfassung der Position, Zeitstempel und Geschwindigkeit verwenden, greifen Cottrill et al. (2013) zum Routentracking ausschließlich auf den GPS-Sensor zu. Die Zuordnung von Wegezweck und Verkehrsmittel zu den Wegen durch die Probanden erfolgt im Postprocessing via Web.

3.3.2 Systemkonzeption des Smartphone-Mobilitätsbefragungstools SmartMo

Workflow Die Applikation SmartMo ist ein Befragungstool zur Erfassung von Mobilitätsdaten. Bei der Datenerfassung werden Smartphone und Desktoprechner miteinander kombiniert. Neben Merkmalen zum Haushalt und zur Person werden einzelne Wege hinsichtlich des zugeordneten Wegezwecks, des benutzten Verkehrsmittels und der gewählten Route protokolliert (vgl. Abb. 3.4).

Folgende Merkmale werden entweder automatisch durch Ortungstechnologien (A-GPS, WLAN, GSM) oder durch persönliche Eingabe via Touchscreen erfasst:

- Haushaltsdaten (z. B. Haushaltsgröße, Anzahl der Pkw im Haushalt),
- Personendaten (z. B. Alter, Geschlecht, Stellung im Erwerbsleben),
- Wegedaten (z. B. Wegezweck, Verkehrsmittel, Routentracks).

Das Smartphone verwendet drei Sensoren zur Lokalisierung: A-GPS, GSM und WLAN, die sich in ihren Einsatzbereichen optimal ergänzen. Bei der Ortung der geographischen Lage treten in Abhängigkeit der Eigenschaften der Ortungsmethoden – z. B. Signalreflexionen und Verschattungen bei GPS – Unschärfen auf. Map-Matching-Verfahren ermöglichen mit geeigneten Algorithmen, die Routentracks zu bestehenden Referenz-Netzmodellen, wie z. B. Openstreetmap, korrekt zuzuordnen. Die Qualitätssicherung erfolgt über Prüfroutinen und automatisierte Plausibilitätskontrollen, welche die Fehlerhäufigkeit minimieren: Beispielsweise werden gematchte Wege zu Fuß auf Autobahnabschnitten eliminiert. Somit ist neben einer exakten Kartendarstellung auch eine genaue Berechnung der einzelnen Wegeentfernungen möglich.

Interaktion Nutzer-Applikation Aus der Sicht der Probanden gliedert sich die Mobilitätserhebung im Testfall in vier Stufen: Erstens die Erfassung von Haushaltsmerkmalen mit Registrierung durch eine Person des Haushaltes, zweitens die Erfassung von Personenmerkmalen, drittens die Aufzeichnung von Wegen und viertens die Messung der User

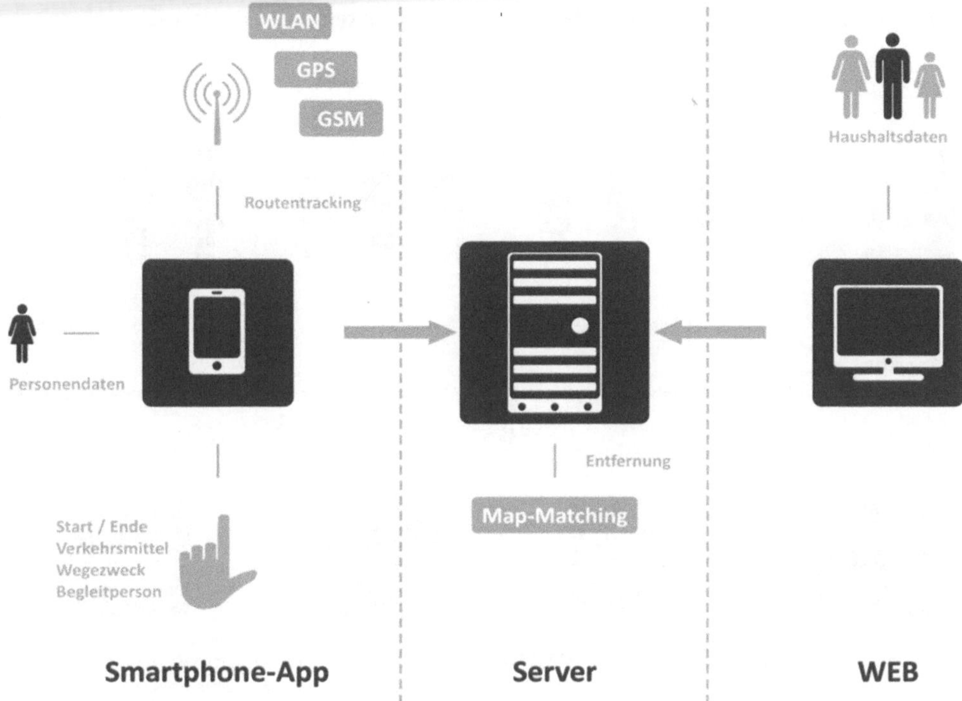

Abb. 3.4 Workflow der SmartMo-App

Experience, jeweils durch möglichst alle Haushaltsmitglieder. Die Nutzerbewertung der Applikation liefert wertvolle Hinweise für die Weiterentwicklung des Erhebungstools, ist aber für die endgültige Praxisanwendung nicht vorgesehen.

Vor Nutzung des Erhebungstools erhalten die Nutzer folgendes Informationsmaterial:

- Leitfaden zur Verwendung von SmartMo (Instruktionen),
- Zustimmungsklausel (Datenschutz),
- Persönlicher Code zur Registrierung von SmartMo.

Das Material enthält einen Link zum (webbasierten) Haushaltsfragebogen, der durch den User auszufüllen ist. Anschließend erfolgt durch den Nutzer ein Download der SmartMo-Applikation auf sein mobiles Endgerät entsprechend der im Informationsmaterial enthaltenen Anleitung.

An das mobile Endgerät bzw. dessen Einstellungen bestehen folgende Anforderungen:

- Kompatibles Betriebssystem (Android 2.2 oder höher; IOS 4.0 oder höher),
- Aktivierung der GPS-Ortung,
- Aktivierung der WLAN-Verbindung.

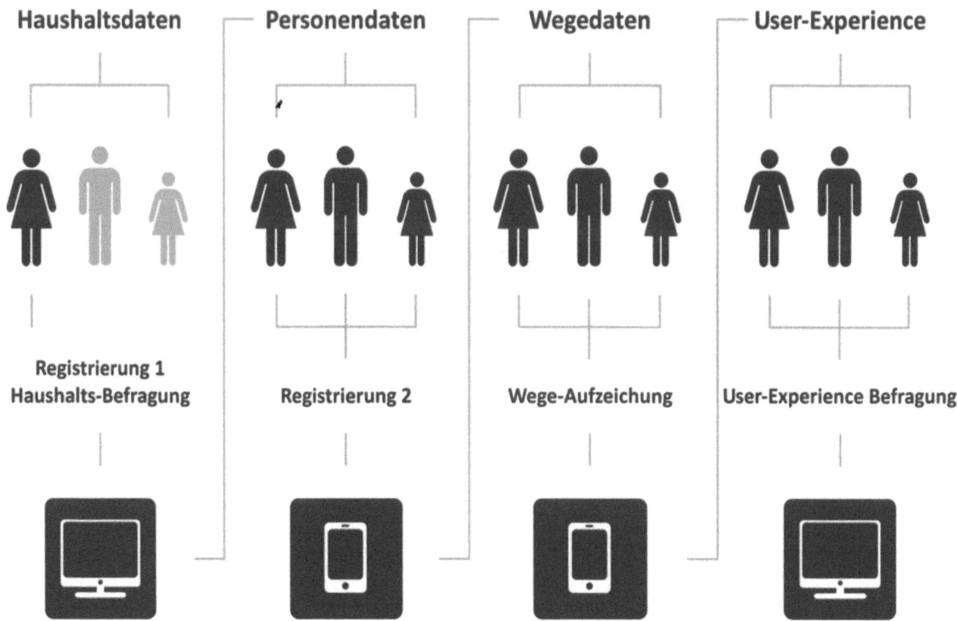

Abb. 3.5 Datenübertragung bei der SmartMO-App

Die Installation startet nach dem Download von den herstellerspezifischen Download-Plattformen (z. B. Android Market, Apples App Store) automatisch.

Der Home Screen zeigt das Icon der SmartMo-App, die durch die (einmalige) Eingabe eines postalisch übermittelten Codes aktiviert und unmittelbar danach gestartet werden kann. Die Personendaten können durch den User offline über eine entsprechende Eingabemaske erfasst werden. Zum Abschluss dieses Arbeitsschrittes erfolgt eine Freigabe durch den Nutzer und die Datenübermittlung vom Smartphone an den Server (vgl. Abb. 3.5).

An den relevanten Stichtagen der Mobilitätsbefragung wird der Nutzer durch automatisch generierte Kurznachrichten (SMS) an die erforderliche Erfassung von Wegedaten erinnert. Die Erinnerung erfolgt dreimalig (morgens, mittags und abends).

Vor Beginn jedes Weges sind durch den Nutzer Wegezweck und Verkehrsmittel in einer Eingabemaske über eine sehr differenzierte Abfrage einzugeben. Die automatische Aufzeichnung der Route erfolgt nach der Betätigung des Buttons „Aufzeichnung starten". Ist das Ziel erreicht, so ist durch Betätigung des Buttons „Aufzeichnung beenden" die automatische Wegeaufzeichnung zu stoppen (vgl. Abb. 3.6).

Eine Übersichtsseite der Applikation zeigt sämtliche aufgezeichneten Wege mit entsprechenden Merkmalen an. Der Nutzer hat die Möglichkeit, einen aufgezeichneten Weg zu editieren bzw. zu löschen. Er kann diesen sofort oder zu einem späteren Zeitpunkt auf den Server hochladen. Eine webbasierte Eingabemaske ermöglicht den Nutzern eine Bewertung der Applikation.

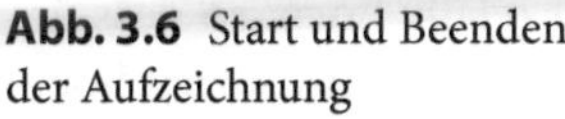

Abb. 3.6 Start und Beenden der Aufzeichnung

3.3.3   Pilotstudie SmartMO: Vorgehensweise, Datenbasis und Ergebnisse

Die Entwicklung des Smartphone-Mobilitätsbefragungstools erfolgt iterativ. Ein erstes Konzept wurde softwareseitig umgesetzt und in einem ersten Feldtest mit einer relativ geringen Anzahl von Probanden überprüft. Dieser Feldtest, dessen Ergebnisse nachfolgend dargestellt werden, diente in erster Linie dazu, wesentliche Einflussgrößen, Potenziale und Einsatzhemmnisse der SmartMo-App zu eruieren.

Der Feldtest umfasste 30 Probanden auf Basis einer Selbstrekrutierung. Zur Erhöhung der Teilnahmebereitschaft wurden Prämien in Höhe von zehn Euro je Teilnehmer gezahlt. Die Erhebung erfolgte für einen Zeitraum von 3 Tagen. Beide Geschlechter verteilen sich gleich im Verhältnis 50 zu 50. Überdurchschnittlich häufig sind Personen im Alter zwischen 18 und 25 Jahren vertreten. Ältere Personen, insbesondere Rentner, wurden nicht erreicht. Daraus folgt, dass die Stichprobe nicht bevölkerungsrepräsentativ ist, jedoch für den Forschungszweck einer User Experience Analyse bei Lead-Usern adäquat ist.

Die Erfahrungen des ersten Feldtestes dienen als Grundlage für die konzeptionelle und softwaretechnische Weiterentwicklung des Erhebungstools.

Datenschutz Der Datenschutz spielt insbesondere bei onlinebasierten Erhebungen eine herausragende Rolle. Dies bestätigte sich auch in der Befragung zur User Experience, bei der die Relevanz des Datenschutzes nur in Einzelfällen nicht als sehr wichtig oder wichtig eingeschätzt wurde.

Da dies bereits im Vorfeld vermutet werden konnte, wurde mit der Pseudonymisierung (z. B. Code) und insbesondere dem Verbleib der Datenhoheit beim Nutzer (aktives Tracking, manuelles Hochladen, Datenkorrektur etc.) eine Reihe von Maßnahmen zur Steigerung der Nutzerakzeptanz in das Befragungstool implementiert.

Energieoptimierung Der Stromverbrauch von Smartphones ist relativ hoch, so dass, in Abhängigkeit vom jeweiligen Nutzerverhalten, davon auszugehen ist, dass ein Smartphone täglich, mindestens aber mehrmals in der Woche aufgeladen werden muss.

Die Nutzer sind in etwa zu je einem Drittel den Gruppen „Tagsauflader", „Nachtsauflader" sowie einem Mischtyp aus beiden zuzuordnen. Die „Tagsauflader" nutzen tagsüber (nahezu) jede Gelegenheit, um ihr Smartphone aufzuladen. Die „Nachtsauflader" schließen ihr Smartphone über Nacht an eine Stromquelle an. Das Ladeverhalten des Mischtyps ist nicht an genaue Zeiten gebunden,

Das Routentracking erhöht den Energieverbrauch der Smartphones. Im Durchschnitt verbrauchen die getesteten Gerätetypen pro Stunde Routentracking ca. 11 % der Gesamtkapazität. Smartphones von Samsung sind mit 9 % durchschnittlichem Akkuverbrauch pro Stunde am sparsamsten, während das iPhone mit durchschnittlich ca. 13 % pro Stunde den höchsten Energieverbrauch aufweist. Dies kann dazu führen, dass Routentracks nicht vollständig oder überhaupt nicht erfasst werden können. Überraschenderweise tauchten Probleme der Energieversorgung nur bei vier der 30 Probanden innerhalb der drei Erhebungstage auf, was darauf zurückzuführen sein dürfte, dass viele Nutzer unabhängig vom Gerätetyp offensichtlich die Tipps zur Energieoptimierung (z. B. vollständiges Aufladen des Gerätes über Nacht) und Energiespartipps (z. B. Abschalten von Tastaturtönen, Verringerung Helligkeit) befolgt haben.

Vermeidung des Vergessens von Wegen Nach Beendigung des Feldtests wurden die Probanden gebeten, die Anzahl vergessener Wege abzuschätzen. Lediglich gut ein Viertel der Probanden gab an, alle Wege aufgezeichnet zu haben, ein weiteres Viertel vergaß einen Weg innerhalb der drei Erhebungstage. Bei fast der Hälfte der Probanden unterblieb die Aufzeichnung von zwei und mehr Wegen innerhalb der drei Erhebungstage.

Dem Vergessen des Aufzeichnens von Wegen sollte durch Erinnerungs-SMS vorgebeugt werden, bei denen jedoch die Gefahr besteht, belästigend zu wirken. Als störend wurden diese Kurznachrichten nur von einem Viertel der Probanden empfunden. Die positive Wirkung der Erinnerungs-SMS auf das Nichtvergessen der Wegeprotokollierung konnte nachgewiesen werden.

„Joy of Use" und Bedienbarkeit Das Smartphone-Befragungstool wurde von drei Vierteln der Benutzer mit sehr gut oder gut bewertet, keiner der Befragten gab an, dass er keine oder gar keine Freude bei der Benutzung des Tools hatte. Insbesondere die Verständlichkeit der Bedienung wurde von allen Befragten als gut oder sehr gut bezeichnet. Die Mehrzahl der Befragten stufte den Zeitaufwand als sehr gering oder gering ein, nur ca. 15 % als groß. Die hierarchisch gegliederte Auswahlmöglichkeit der Verkehrsmittel in der SmartMo-App ist sehr differenziert, gerade im Hinblick auf neue Modi wie Pedelecs, Hybridfahrzeuge etc. Es sollte immer abgewogen werden, ob die zusätzlich gewonnenen Informationen die aufwändigere Eingabe rechtfertigen. So war mehr als die Hälfte der Befragten der Meinung, dass überflüssige Eingaben zu tätigen sind.

Ortungsgenauigkeit und -vollständigkeit der Routentracks Eine qualitative visuelle Überprüfung der Lagegenauigkeit der Rohdaten von Routentracks zeigt bei zwei Dritteln der Routentracks eine sehr hohe Qualität mit sehr wenigen „Ausreißern" und „Aussetzern", z. B. durch Kaltstart- und Abschattungsprobleme. Ungefähr jeder Zehnte Routentrack ist von so schlechter Qualität, dass eine Rekonstruktion der Trajektorie mit Map-Matching-Algorithmen kaum gelingt. In Abhängigkeit des genutzten Verkehrsmittels variiert die Datenqualität, wobei die Ortung bei Fahrten mit Zügen und insbesondere mit U-Bahnen unzureichend ist. Außerdem variiert je nach Gerätetyp der Smartphones die Qualität der Routentracks.

3.3.4 Schlussfolgerungen

Die Verbreitung von Smartphones in der Gesellschaft nimmt rasant zu, so dass diese mobilen Endgeräte eine größere Bedeutung für Mobilitätserhebungen erlangen. Smartphones werden derzeit überwiegend von jüngeren Menschen genutzt. Personen über 40 Jahre und insbesondere Rentner sind in selteneren Fällen Nutzer von Smartphones. Diese Lücke ist bei Frauen stärker ausgeprägt als bei Männern. Außerdem ist zu berücksichtigen, dass der Besitz eines Smartphones nicht automatisch eine umfassende Nutzung aller Funktionen des Gerätes impliziert. Auch aus der positiven User Experience von jüngeren Menschen kann nicht automatisch eine Handhabbarkeit für die Personengruppen gefolgert werden, die derzeit noch kein Smartphone besitzen. Aufgrund dieses Coverage-Fehlers, der durch die derzeitige Smartphonenutzung bedingt ist, gelingt es derzeit nicht, bevölkerungsrepräsentative Mobilitätsbefragungen zu realisieren.

Außerdem wird davon ausgegangen, dass die Verweigerung der Teilnahme einzelner Personen (Unit-Nonresponse) stark mit Bedenken hinsichtlich der Privatsphäre und des Datenschutzes bei Verwendung des Smartphone-Mobilitätsbefragungstools verbunden ist. Wie die Untersuchung zeigt, spielen diese Aspekte eine herausragende Rolle. Zwar steigern bereits implementierte Strategien grundsätzlich die Nutzerakzeptanz, wobei der Privacy by Design Ansatz konsequent weiter zu beschreiten ist.

Zentraler Ansatzpunkt, um das Dilemma zwischen Nutzerbeanspruchung und Informationsgewinn zu verringern bzw. aufzulösen, ist die weitgehende Automatisierung der Datengewinnung zur Verringerung von Unit- und Item-Non-response. Die Nutzer-Gerät-Interaktion lässt sich minimeren, indem einerseits weitere Sensoren für Smartphones entwickelt werden, die den Kontext umfassender messen und andererseits Mobilitätsdaten intelligent im Post Processing verknüpft werden. Probate Ansätze, die derzeit intensiv erforscht werden, sind beispielsweise die automatische Verkehrsmittelerkennung aus Beschleunigungsdaten sowie personalisierte und adaptive Fragebogenformate, welche interaktiv die vorgegebenen Inhalte an die individuelle Lebenssituation und die Verhaltensroutinen der Befragten anpassen oder ortsbezogene Push-Erinnerungen, die an den Nutzer automatisch gesendet werden.

Die Ortungsgenauigkeiten und die geringe Zahl der Ortungsausfälle sind insgesamt als zufriedenstellend zu bewerten. Großes Verbesserungspotenzial besteht jedoch bei Fahrten mit der Bahn und insbesondere der U-Bahn. Mögliche Maßnahmen zur Kompensation sind der Einsatz leistungsfähiger Map-Matching-Technologien, u. a. auch unter Einbindung von Fahrplandaten.

Probleme mit der Akkulaufzeit traten nur vereinzelt auf. Grundsätzlich ist von einer weiteren Verbesserung der Performance der Geräte auszugehen. Eine Optimierung des Smartphone-Erhebungstools hinsichtlich der Tracking-Rate ist anzustreben. So könnte das Gerät in den „Schlafmodus" wechseln, wenn sich die Person nicht bewegt.

Viele Projekte, die sich einer automatisierten Erhebung von Mobilitätsdaten mit Smartphones widmen, sind derzeit in der Entwicklungs- und Testphase (z. B. der Future Urban Mobility Survey 2012 in Singapur, siehe Cottrill et al. 2013). Derzeit fehlen jedoch im Gegensatz zu den weltweit erfolgreich realisierten GPS-Studien umfangreiche Erfahrungen aus Pilottests mit größeren Stichproben. Insbesondere Fragestellungen der Repräsentativität und Skalierbarkeit des Erhebungssystems gilt es hierbei noch zu beantworten.

Literatur

Bellemans T, Kochan B, Janssens D, Wets G, Timmermans H (2008) In the field evaluation of the impact of a GPS-enabled personal digital assistant on activity-travel diary data quality. In: Proceedings of the 87th Annual Meeting of the Transportation Research Board, Washington D.C.

Chen Q, Fan Y (2012) Smartphone-Based Travel Experience Sampling and Behavior Intervention. TRB Annual Meeting, January 2012

Cottrill C D, Pereira F C, Zhao F, Dias I F, Lim H B, Ben-Akiva M E, Zegras P C (2013) The future Mobility Survey: Experiences in developing a smartphone-based travel survey in Singapore, Singapore, TRB Annual Meeting, January 2013

Ericsson Labs (o. J.) Mobile location, http://labs.ericsson.com/apis/mobile-location, Zugriff August 2012

infas, DIW (2004) Mobilität in Deutschland 2002 – Basisdatensatz; im Auftrag des Bundesministeriums für Verkehr, Bau- und Wohnungswesen (FE-Nr. 70.0736/2003); Bonn und Berlin 2004 <www.mobilitaet-in-deutschland.de>; Datenbezug: http://www.clearingstelle-verkehr.de

infas, DLR (2010) Mobilität in Deutschland 2008 – Basisdatensatz; im Auftrag des Bundesministeriums für Verkehr, Bau und Stadtentwicklung (FE-Nr. 70.801/2006); Bonn und Berlin 2010 <www.mobilitaet-in-deutschland.de>; Datenbezug: http://www.clearingstelle-verkehr.de

KIT (2013) Deutsches Mobilitätspanel (MOP) im Auftrag des Bundesministeriums für Verkehr, Bau und Stadtentwicklung (FE-Nr. 70.0864/2011); Karlsruhe 2013 <www.mobilitaetspanel.de>

MiD 2008 (2010) FAQ – Häufig gestellte Fragen. Kapitel 19. http://www.mobilitaet-in-deutschland. de/09_faq/faq.htm#Kapitel19. Zugegriffen: 14. August 2013OpenCellID (o. J.) http://www.opencellid.org, Zugriff Februar 2013

Patterson D, Liao L, Fox D and Kautz H (2003) Inferring High- Level Behavior from Low-Level Sensors, ACM UBICOMP, Seattle, USA

Reddy S, Mun M, Burke J., Estrin D, Hansen M, Srivastava M (2010) Using mobile phones to determine transportation modes, in: ACM Trans. Sensor Netw. 6, 2, Article 13, USA

Singapore-MIT Alliance for Research and Technology (2012) Future Mobility Survey 2012, Singapur, https://fmsurvey.sg, Zugriff Juli 2013

Thiagarajan A, Biagioni J, Gerlich T, Eriksson J (2010) Cooperative transit tracking using smartphones, in: Proceedings of the 8th ACM Conference on Embedded Networked Sensor Systems (SenSys '10), USA
Wermuth M, Garben M, Janecke J, Wirth R (2001) TTS TeleTravel System. Telematiksystem zurautomatischen Erfassung des Verkehrsverhaltens. Schlussbericht; Förderkennzeichen 19 M9807A 0, gefördert im Rahmen der Mobilitätsforschungsinitiative im Zielfeld „Mobilität und Verkehrbesser verstehen" des Bundesministeriums für Bildung und Forschung, Braunschweig
Wolf J, Lee W (2008) Synthesis Of And Statistics For Recent Gps-Enhanced Travel Surveys International Conference on survey methods In Transport: Harmonisation And Data Comparability

Bestimmung von Wegen und Verkehrsmitteln mittels Ortungstechnologien – Stand der Technik und Herausforderungen

Benno Bock, Thomas Loewel, Johannes Rosch, Josef Ritzer, Markus Lienkamp, Heike Twele und Dirk Stürzekarn

Zusammenfassung

Dieses Kapitel konzentriert sich auf die technischen Aspekte der Erfassung von Wegedaten. Dabei wird auf unterschiedliche Ortungstechnologien Bezug genommen (WLAN, Bluetooth, Funkzellenortung, HAIP), auf Methoden der Ortung (Winkel-, Laufzeitmessung u.ä.) und auf Anwendungsfälle (Indoor-/Outdoorortung) sowie kurz auf verschiedene Satellitensysteme (GPS, Galileo, GLONASS) eingegangen. Weiterhin werden die spezifischen Anforderungen des Trackings per Smartphone beleuchtet, wie

B. Bock (✉)
InnoZ GmbH, Torgauer Str. 12–15, 10829 Berlin, Deutschland
E-Mail: Benno.bock@innoz.de

T. Loewel · J. Rosch
Alcatel-Lucent Deutschland AG, Colditzstraße 34–36, 12099 Berlin, Deutschland
E-Mail: Thomas.Loewel@alcatel-lucent.com

J. Rosch
E-Mail: johannes.rosch@alcatel-lucent.com

J. Ritzer · M. Lienkamp
Lehrstuhl für Fahrzeugtechnik (FTM), Technische Universität München, Boltzmannstr. 15,
85748 Garching bei München, Deutschland
E-Mail: ritzer@ftm.mw.tu-muenchen.de

M. Lienkamp
E-Mail: lienkamp@ftm.mw.tum.de

H. Twele · D. Stürzekarn
HaCon Ingenieurgesellschaft mbH, Lister Straße 15, 30163 Hannover, Deutschland
E-Mail: heike.twele@hacon.de

D. Stürzekarn
E-Mail: dirk.stuerzekarn@hacon.de

M. Schelewsky et al. (Hrsg.), *Smartphones unterstützen die Mobilitätsforschung,*
DOI 10.1007/978-3-658-01848-1_4, © Springer Fachmedien Wiesbaden 2014

z. B. Akkulaufzeit, Datengenauigkeit und Trackingfrequenz. Schließlich sollen Anforderungen und Ansätze der Identifikation von Wegen, Wegezwecken und Verkehrsmitteln dargestellt werden. Für die Zukunft gilt dabei, dass ein Technologiemix der verschiedenen Ortungsmöglichkeiten das Erfolgsrezept für die Bedienung verschiedener Smartphone-Modelle und Betriebssysteme ist.

4.1 Einleitung

Benno Bock

Der Einsatz von Smartphones in der modernen Mobilitätsforschung bedeutet einen deutlichen technologischen Sprung gegenüber den klassischen Verfahren. Das liegt nicht nur daran, dass die Ausstattung der tragbaren Kommunikationshelfer kleinen Technologielabors gleicht. Auch die Ortungstechnologien selber werden immer raffinierter. Sie versuchen, die vorhandenen Sensoren geschickter zu kombinieren und die Innenbereiche, in denen die klassische, satellitengestützte Ortung nicht mehr hineinreicht, mit neuen Mitteln zu erschließen.

Hierzu behandeln Loewel und Rosch im Abschn. 4.1 aktuelle Forschungsarbeiten im Bereich der Indoor-Navigation – also der Positionierung innerhalb geschlossener Gebäude. Die Technologie verspricht, dass in Zukunft bei dem Ausdruck „von Tür zu Tür" nicht mehr nur die Eingangstüren gemeint sind, sondern eine nahtlose Navigation bis zur Zimmertür möglich wird. In diesem ersten Beitrag des vierten Kapitels werden zunächst die wichtigsten Technologiestandards für die Ortung beschrieben. Neben Satellitenortung werden Techniken auf Basis von WLAN, Bluetooth, Mobilfunk sowie Kamera und Mikrophon erläutert, die Bedeutung der weiteren Smartphone-Sensoren wird angeschnitten. Die Praxiserfahrungen, die Lowel und Rosch einbringen, wurden bei einem Pilotprojekt zur Indoor-Navigation im Hamburger Flughafen gesammelt. Das Projekt dient als Referenz und gleichzeitig als Anschauungsbeispiel für zukünftige Feldtests. Flughäfen nehmen bei der Indoor-Navigation eine Vorreiterrolle ein. Loewel und Rosch gehen vertieft auf die WLAN-Ortung ein, stellen dabei die Anforderungen an die benötigte Infrastruktur dar und erklären die Funktionsweisen des WLAN-Fingerprintings. Typische Störungen beim praktischen Einsatz werden beschrieben. Dabei steigen die Herausforderungen mit der Größe der Räume. Große Hallen seien am schwierigsten zu bedienen. Weiterhin vermittelt der Beitrag die Erfahrungen mit den beiden vorherrschenden Smartphone-Betriebssystemen. Die Autoren ziehen ein positives Fazit: die WLAN-Ortung in Innenbereichen funktioniert. WLAN steht für eine der vielversprechenden Technologien. Für die Zukunft gilt aber, dass ein Technologiemix der verschiedenen Ortungsmöglichkeiten das Erfolgsrezept für die Bedienung verschiedener Smartphone-Modellen und Betriebssystemen sei, so die Autoren.

Im zweiten Betrag (Abschn. 4.2) gehen daher Ritzer und Lienkamp detailliert auf die Einbindung des Mikrosysstems (MEMS), also von Lagesensoren, Magnetometer, Gyroskop etc. ein. Sensordatenfusion ist hier das Stichwort. Die Ausführungen vertiefen dabei insbesondere die technische Beschreibung der Smartphone-Sensoren von Loewel und Rosch. Von Abtastraten bis zur Zero Velocity Updates Methode (ZUPT) werden Einzelheiten der Sensordatenfusion beschrieben, so dass dem Leser ein vertieftes Verständnis der betreffenden Technologie geboten wird. Auch Ritzer und Lienkamp beziehen sich auf ein praxisnahes Forschungsprojekt. In einer Untersuchung von Elektrofahrzeugen im Flottenbetrieb wurden Smartphone-Tracker eingesetzt. Ergebnis war ein verbessertes Zusammenspiel der Ortungstechnologien. Die Studie fokussiert stark auf den motorisierten Individualverkehr, so dass der praktische Einsatz für andere Verkehrsträger gegebenenfalls nicht ohne Weiteres möglich ist. Jedoch werden Potenziale der Sensordatenfusion und der Kombination von Ortungstechnologien deutlich.

Der letzte Beitrag im vierten Kapitel (Abschn. 4.3) weist schließlich auf die Umsetzungsschritte für den praktischen Einsatz des Smartphone-Trackings bei intermodalen Verkehrserhebungen hin. Twele und Stürzekarn beschreiben hierbei die Erkenntnisse aus der Begleitforschung einer intermobilen Mobilitätsapplikation. Erläutert werden die Wahl des Betriebssystems, die Nutzerfreundlichkeit sowie die Effektivität im Hinblick auf Akkulaufzeit und Auswertungsgenauigkeit. Die technischen Lösungsansätze, die ebenfalls auf die Kombination verschiedener Sensoren zielen, werden vorgestellt. Innovativ ist die Verknüpfung mit externen Daten, womit so Zeit- und Positionsdaten kontextualisiert werden können. Eine Verknüpfung mit ganz bestimmten Produkten, z. B. bestimmte Carsharing-Angebote, ist bei einem solchen Vorgehen denkbar. Das Vorgehen beruht auf dem „Match me"-Verfahren, bei dem jetzt schon per Abgleich von Echtzeitdaten mögliche ÖV-Verbindungen ermittelt werden. Als potenzielles Einsatzfeld wird dann auch das intermodale eTicketing gesehen. Dieses Kapitel beleuchtet die technischen Aspekte des Smartphone-Trackings praxisnah. Der Stand der Technik wird zusammengefasst, neuartige technologische Lösungsansätze vorgestellt und Erfahrungen bei konkreten Feldversuchen dokumentiert. Dabei kann kein vollständiger Abriss aller technologischen Facetten und aller praktischen Herausforderungen erreicht werden, wohl aber ein gutes Gefühl für die Komplexität der vorhandenen Lösungen gegeben werden.

4.2   WLAN-basierte Ortung – Erfahrungen mit Infrastruktur und Endgeräten

Thomas Loewel und Johannes Rosch

In Zeiten moderner und komplexer Flughäfen, großer Umsteigebahnhöfe und überdimensionaler Einkaufszentren fällt es zunehmend schwer, die Orientierung zu behalten und Ziele zu finden. Klassische und gängige Navigationslösungen, sowie darauf aufbauende Location Based Services (LBS) sind innerhalb von Gebäuden aufgrund der Abgeschirmtheit nicht anwendbar. Genau dort, wo der durchschnittliche Mensch also die meiste Zeit verbringt, kann auf bestehende globale Navigationssatellitensysteme (kurz GNSS) wie Global Positioning (GPS), GLONASS, Galileo oder Beidou nicht zurückgegriffen werden. Über die letzten Jahre gab es deshalb eine Vielzahl von Entwicklungen im Bereich alternativer Navigationslösungen für geschlossene Räume (Indoor-Navigation) auf Basis unterschiedlicher Ortungstechnologien (Indoor-Ortung).

Die klassische Indoor-Ortung vertraut dabei auf die Auswertung spezifischer Merkmale innerhalb eines Gebäudes. Diese können sowohl natürlichen als auch technologischen Ursprungs sein. Hauptsächlich konzentrieren sich die Forschungen in diesem Bereich auf der Auswertung von:

- Feldstärken vorhandener oder erweiterter Kommunikationslösungen (z. B. Mobilfunk, Bluetooth und Wireless LAN (WLAN)),
- Laufzeiten elektromagnetischer Wellen (z. B. Indoor-GPS),
- Magnetfeldern,
- Optischen Signalen und Eigenschaften (z. B. Bilderkennung, Laservermessung, Infrarotvermessung),
- Akustischen Signalen (z. B. Ultraschall).

Für die praktische Umsetzung ist wichtig, dass die Auswertung dieser Merkmale einer größtmöglichen Anzahl von Menschen zur Verfügung gestellt werden kann. Nur wenige der oben genannten Merkmale erfüllen dabei dieses Kriterium. Ein Vorteil haben deswegen die Technologien, die heutzutage bereits weit verbreitet und mobil anwendbar sind. Die Marktdurchdringung von Smartphones kann dabei als wichtiger Schritt für die zukünftige Verbreitung von Indoor-Ortung gewertet werden. Ein aktuelles Standard-Smartphone unterstützt bereits Funktionen, die eine Indoor-Ortung ermöglichen:

- Mobilfunk (Global System for Mobile Communications (GSM)/Universal Mobile Telecommunications System (UMTS)/Code Division Multiple Access (CDMA)/Wideband (W)-CDMA in unterschiedlichen Frequenzbändern),
- WLAN gemäß dem Standard 802.11,
- GNSS Unterstützung (Technologie abhängig vom Verkaufsland des Smartphone),
- Bluetooth,
- Kamera,
- Mikrofon,
- Mikrosystem (Micro Electro Mechanical Systems (MEMS)).

Die ersten sechs Funktionen ermöglichen eine theoretische Generierung von Referenzpunkten für die Indoor-Ortung. Mit Hilfe von Mikrosystemen können die Referenzpunkte validiert und die Genauigkeit der Indoor-Ortung erhöht werden. Allgemein besteht bei allen Funktionen die Diskrepanz zwischen dem bloßen Vorhandensein und der betriebssystemabhängigen Implementierungsmöglichkeiten über das Application Programming Interface (API).

Im Folgenden werden zunächst die oben genannten Funktionen in Verbindung mit der Anwendbarkeit auf dem Smartphone kurz vorgestellt. Danach wird exemplarisch an einem Erfahrungsbericht aufgezeigt, wie der WLAN-Standard als Basis für die Indoor-Ortung genutzt werden kann und welche Chancen und Herausforderungen sich dabei in technischer Hinsicht in einem realen Umfeld ergeben. Dazu wird im Speziellen auf die verwendete Infrastruktur, Datenhaltung und Eigenheiten bei der Smartphone-Nutzung eingegangen. Vorschläge zur weiteren Verbesserung der Nutzbarkeit dieser Technologie schließen diesen Beitrag im Ausblick ab.

4.2.1 Technologiestandards

Mobilfunk Die gängigen Mobilfunkstandards (z. B. GSM, UMTS, Long Term Evolution (LTE)) haben eine hohe Flächenabdeckung erreicht und die meisten Endgeräte unterstützen eine Vielzahl dieser Standards. In Abhängigkeit des verwendeten Frequenzbandes, der Entfernung zur Basisstation sowie der Zelldichte ist eine mehr oder weniger gute Durchdringung geschlossener Räume gegeben. Diese kann innerhalb von Gebäuden, z. B. durch Femtozellen, noch verbessert werden. Somit ist prinzipiell eine Indoor-Ortung möglich. Im 3GPP-Standard wird dabei z. B. auf die Cell ID zurückgegriffen. Die Genauigkeit kann dabei durch erweiterte netzbasierte Algorithmen, wie z. B. Time Advance (TA) oder Uplink Time Difference of Arrival (U-TDOA), noch verbessert werden. Da der Aufbau von entsprechender Mobilfunkinfrastruktur jedoch sehr kostenintensiv ist und eine Abhängigkeit zum jeweiligen Netzbetreiber besteht, ist die Verwendung dieser Technologie zur Indoor-Ortung bisher ungeeignet. Ein Ausweg wäre die nicht-netzbasierte Positionsbestimmung via Fingerprinting. Diese Vorgehensweise hätte zusätzlich den Vorteil, dass eine geringere Anzahl an Basisstationen benötigt wird, da die Chipsätze im Smartphone ohnehin die Frequenzbänder anderer konkurrierender Netzbetreiber unterstützen. Jedoch sind die Programmierschnittstellen für externe Applikationen (API), wie z. B. einer Navigations-App, bisher sehr eingeschränkt. Ein Zugriff auf die Signalpegel der benachbarten Zellen ist aktuell über Android nicht möglich.

Bluetooth Bluetooth ist ein drahtloser Kommunikationsstandard zur Überbrückung kurzer Distanzen und wird von heutigen Smartphones unterstützt. Für eine Indoor-Ortung bedarf es einer dedizierten Infrastruktur, die ausschließlich zu diesem Zweck installiert wird. Diese proprietäre Infrastruktur könnte in Zukunft durch Standardchipsätze und Massenproduktion relativ günstig hergestellt und vertrieben werden. Aufgrund von spezieller Antennentechnologien ergeben sich jedoch entsprechende Anforderungen an das jeweilige Endgerät. Die Standardisierung dieser Problematik sowie verbundener Anwendungen wird seit August 2012 durch die sogenannte In-Location Alliance, einem Konsortium aus diversen Industriefirmen, vorangetrieben. Je nach Reichweite und Wirtschaftlichkeit der geplanten stromsparenden Lösung könnte sich eine Bluetooth-basierte Lösung somit in Zukunft als Ergänzung zu anderen Technologien oder aber sogar als Alternative durchsetzen.

GNSS Das globale Navigationssatellitensystem ist der Dachbegriff unterschiedlicher Technologien zur satellitengestützten Positionsbestimmung und Navigation. Einer der bekanntesten Vertreter im europäischen Raum ist das amerikanische GPS. Bei diesem

Verfahren senden GPS-Satelliten ihren genauen Standort sowie die Uhrzeit. Aus den übertragenen Informationen von mindestens vier Satelliten berechnet das Empfangsgerät dann die Pseudo-Signallaufzeit und die daraus resultierende Position. In Europa erhältliche Standard-Smartphones unterstützen meist die Variante „assisted GPS", bei der zusätzlich zur Auswertung des GPS-Signals noch Informationen vom Smartphone verwendet werden (z. B. die Cell-ID). Für eine relativ genaue Positionsbestimmung ist es wichtig, dass sich zwischen dem Empfangsgerät und den Satelliten keine stark dämpfenden Materialen (wie z. B. Beton, Metall, etc.) befinden. Dieser Umstand bedingt, dass auf GNSS innerhalb von Gebäuden nicht zurückgegriffen werden kann. Eine Anpassung dieser Technologie für die Indoor-Ortung würde implizieren, dass innerhalb von Gebäuden Pseudoliten (terrestrische Sender, die Satellitensignale nachahmen) installiert werden müssen. Der Aufbau einer solchen Infrastruktur sowie die Entwicklung und Verbreitung sehr genauer Chipsätze, die eine Laufzeitmessung auch auf kurzen Distanzen innerhalb eines Gebäudes ermöglichen, sind kritische Faktoren. Eine praktische Anwendung ist somit aktuell noch ungewiss.

Kamera Die Nutzung der Smartphone-Kamera zur Indoor-Ortung basiert auf dem Vergleich eines aufgenommenen Bildes mit einer zuvor angelegten Datenbank von Bildern der Umgebung. Zur Erhöhung der Genauigkeit können zusätzliche Bilderkennungsalgorithmen verwendet werden, die spezifische Merkmale eines Raumes mit den architektonischen Daten des Gebäudes vergleichen. Diese Technologie ist vergleichsweise neu und wird durch die Forschung im Bereich Augmented Reality stark vorangetrieben. Die Bilderkennungsalgorithmen sind jedoch sehr rechenintensiv. Weitere Fragestellungen, die eine praktische Anwendung aktuell verhindern, sind:

- Wie kann das große Datenaufkommen gehandhabt werden?
- Welcher Detailierungsgrad ist notwendig?
- Wie groß ist die zulässige Raumveränderung, sodass ein Vergleich mit der Datenbank noch zu einem genauen Ergebnis führt?

Mikrofon Indoor-Ortung über akustische Signale ist eine Nischentechnologie, die bereits kommerziell verfügbar ist. Hierzu werden mehrere Sender innerhalb eines Gebäudes installiert, die ein akustisches Signal im nicht-hörbaren Bereich ausstrahlen. Dieses Signal kann vom Mikrofon des Smartphones erkannt und ausgewertet werden. Die Genauigkeit ist hierbei sehr stark von der Anzahl der Sender und der verwendeten Algorithmen abhängig. Die dedizierte Infrastruktur sowie die Störanfälligkeit und die Auswirkung der Signale im Tierreich sind hierbei kritisch zu bewerten.

Mikrosystem (MEMS) Das Mikrosystem oder auch MEMS ist der Überbegriff für die Sensorik innerhalb eines Smartphones. Dazu gehören z. B. der Lagesensor, das Magnetometer und das Gyroskop. Mithilfe dieser Sensoren können sowohl die Richtung als auch die Bewegung des Smartphones ausgewertet werden. Daraus folgt eine sehr gute Eignung für Plausibilitätschecks bei der Positionsbestimmung. Sobald ein Referenzpunkt innerhalb eines Gebäudes ermittelt ist, kann anhand der Analyse der Bewegungen die Indoor-Ortung für eine gewisse Zeit nur basierend auf dem MEMS fortgeführt werden. Je länger jedoch kein neuer Referenzpunkt einer zusätzlichen Technologie zur Verfügung steht, desto ungenauer wird die Positionsbestimmung.

Ein weiterer Ansatz ist ein Fingerprinting auf Basis des Erdmagnetfeldes. Hierbei wird impliziert, dass an jedem Punkt innerhalb eines Raumes das Erdmagnetfeld einzigartig ist. Dieses soll dann in der Praxis gemessen und mit einer vorher aufgezeichneten Datenbank verglichen werden. Vorteil dieser Technologie ist, dass keine zusätzliche Infrastruktur benötigt wird. Allerdings müssen sich sowohl Genauigkeit und als auch Störanfälligkeit der Sensoren im Alltagstest noch beweisen.

WLAN Auch WLAN ist wie Bluetooth ein drahtloser Kommunikationsstandard mit geringen Infrastrukturkosten und einer weiten Verbreitung. Analog zu Bluetooth werden öffentliche Frequenzen verwendet, womit im Gegensatz zum Mobilfunk der Betrieb nicht von einem Netzwerkbetreiber abhängig ist. Allerdings bedingt die fehlende Regulierung auch das Risiko von unvorhersehbaren Störungen, die zusätzliche Plausibilitätskontrollen und Anpassungen notwendig machen. Einer der Hauptvorteile des WLAN-Standards ist die häufig schon vorhandene Infrastruktur, vor allem in öffentlichen und gewerblichen Immobilien. Selbst wenn diese Infrastruktur nicht ausreichend für die Anforderungen der Indoor-Ortung dimensioniert ist, ist eine entsprechende Erweiterung kostengünstig möglich. Weiterhin besitzen heutige Geräte eine Vielzahl von Einstellungsmöglichkeiten, die eine Optimierung der Indoor-Ortung ermöglichen. Somit ist WLAN ein prädestinierter Kommunikationsstandard für die einfache und kostengünstige Realisierung einer Indoor-Ortung. Langjährige Forschungsaktivitäten und zahlreiche Algorithmen und Patente auf diesem Gebiet erhöhen zusätzlich die Eignung dieses Standards als Basis für die Positionsbestimmung. Für die Realisierung gibt es grundsätzlich zwei unterschiedliche Herangehensweisen: Netzbasiert oder netzunabhängig.

Bei der netzbasierten Indoor-Ortung übernimmt das WLAN-Netzwerk und hier im Speziellen die Software im WLAN-Controller die Positionsbestimmung. Hierbei ist eine Kommunikation zwischen den WLAN-Zugangspunkten unerlässlich. Ferner sind deren genaue Positionen innerhalb eines Gebäudes sowie die jeweiligen Gebäudeeigenschäften (Grundriss, Wände, etc.) wesentlich. Für diesen Ansatz existieren bereits proprietäre Lösungen, die allerdings eine homogene Infrastruktur und einige Erweiterungen in dieser benötigen. Dabei entsteht eine Abhängigkeit zum Anbieter der Netzinfrastruktur. Da ein Monopol eines einzelnen Anbieters aber ausgeschlossen werden kann, wird sich eine flächendeckende Indoor-Ortung auf Basis eines proprietären Standards eher nicht durchsetzen.

Bei der netzunabhängigen Indoor-Ortung wird die Positionsbestimmung entweder vom Endgerät selbst oder einem ausgelagerten Dienst übernommen. Dieser Ansatz basiert grundsätzlich auf der Fingerprinting-Technologie und ist unter Berücksichtigung bestimmter Randbedingungen unabhängig von der verwendeten WLAN-Hardware. Auf den Einsatz der Fingerprinting-Technologie in der Praxis, sowie die notwendigen Rahmenbedingungen wird im folgenden Kapitel näher eingegangen.

WLAN-Fingerprinting Beim Fingerprinting wird die Signalstärke (RSSI) aller sendenden WLAN-Zugangspunkte an einem spezifischen Punkt gemessen. Alle in einem bestimmten Zeitraum gemessenen Werte an dieser Position bilden zusammen einen sogenannten Fingerprint, der mit einer vorher aufgenommen Datenbank abgeglichen und ausgewertet wird. Diese Technik basiert auf der Annahme, dass die Signalstärken der jeweiligen Zugangspunkte an jedem Ort innerhalb eines Raumes einzigartig und gleichbleibend sind. Dazu sollten mindestens drei unterschiedliche Signale an einem Punkt zur Verfügung stehen.

4.2.2 Praxisbericht: WLAN basierte Indoor-Navigation in einem Flughafenterminal

Der folgende Praxisbericht schildert die Erfahrungen, Herausforderungen und Entscheidungskriterien beim Aufbau einer WLAN-Fingerprinting basierten Indoor-Navigation innerhalb eines Flughafenterminals. Die Genauigkeit und Funktionalität einer solchen Lösung wurde in der Fachliteratur bereits hinreichend in Bezug auf Büro- und Universitätsgebäuden mit engen Fluren, vielen Wänden und relativ kleinen Räumen dokumentiert. Ein mehrstöckiges offenes Flughafenterminal bedingt jedoch neue Fragen:

- Verhalten in dieser großflächigen und großräumigen Umgebung?
- Veränderte und/oder zusätzliche Anwendungsfälle?
- Veränderte und/oder zusätzliche Anforderungen?

Diesen Fragen wurde in einem Versuchsaufbau von Alcatel-Lucent in Zusammenarbeit mit der Technischen Hochschule Mittelhessen und mit freundlicher Unterstützung des Hamburger Flughafens nachgegangen.

Einsatzpotenziale Die Hauptanwendungsfälle einer Indoor-Ortung, die bei der folgenden Betrachtung als entscheidende Umsetzungsfaktoren angesehen wurden, sind folgende:

- **Navigation**: Im Outdoor-Bereich sind Auto- und Fußgängernavigation bereits ein Massenmarkt. Vor allem Smartphone basierte Navigationsapps erfreuen sich größter Beliebtheit bei den Endkunden. Bisher endet die Navigation allerdings vor dem Gebäude. Diese Einschränkung kann durch eine kompatible Indoor-Ortung beseitigt werden. Die Haupttreiber für diesen Anwendungsfall sind erhöhte Kundenzufriedenheit durch weniger Unsicherheit der Reisenden sowie pünktliches Boarding durch verbesserte Passagierführung.
- **Marketing/Couponing**: Moderne Flughäfen erzeugen mittlerweile bis zu 50 % ihrer Umsätze über Shops und Restaurants. Für die Stärkung dieses Umsatzzweiges sollen in Zukunft attraktive Angebote situations- und ortspezifisch, z. B. über Push-Nachrichten oder Einblendung in der Navigation, beworben werden. Die Haupttreiber für diesen

Anwendungsfall sind eine Umsatzsteigerung sowie die Stärkung der Kundenbeziehung zwischen Flughafen und Fluggast.

- **Analyse:** Wo befinden sich meine Passagiere? Wie bewegen sich Menschen in welchen Situationen durch mein Gebäude? Wo entstehen große Menschenansammlungen und wie kann ich sie besser über das Gebäude verteilen? Diese und weitere Fragen lassen sich durch Auswertung von Positionsdaten beantworten. Selbst anonymisiert ergeben sich aus diesen Informationen wertvolle Einsichten in den Flughafenbetrieb. Eine kritische Betrachtung von datenschutzspezifischen Themen ist bei der Analyse jedoch unvermeidbar. Die Haupttreiber für diesen Anwendungsfall sind eine Optimierung der betrieblichen Prozesse, die Identifikation von attraktiven Lagen für Läden und Werbung sowie eine Lauf- und Fluchtwegoptimierung.

Benötigte Infrastruktur Wesentlich bei der Infrastruktur einer WLAN-basierten Indoor-Ortung ist das zugrunde liegende Netzwerk an WLAN-Zugangspunkten. Bei der Fingerprinting-Methode können diese autark arbeiten oder miteinander verbunden sein. Auch ein virtuelles LAN wird unterstützt, in dem mehrere Zugangspunkte unter einer Service Set Identification (SSID) zusammengefasst sind. Entscheidend beim Fingerprinting ist, dass für die Identifizierung auf die MAC-Adresse zurückgegriffen wird. Zusätzliche Funktionen, die die Signalstärke der Sender schwanken lassen (z. B. Stromsparmodus der Zugangspunkte), müssen deaktiviert sein. Andernfalls muss mit einem Fehlverhalten des Gesamtsystems gerechnet werden, da die Theorie des Fingerprintings von stabilen Signalpegeln ausgeht. Viele Menschen und Gegenstände in einem Gebäude bedingen jedoch auch schwankende Signalpegel. Deshalb müssen die WLAN-Zugangspunkte bzw. ihre externen Antennen exponiert genug sein, um Hindernisse zwischen dem Empfangsgerät und der Sendeeinheit auf ein Minimum zu reduzieren. Für die optimale horizontale Ausbreitung der Signalstärke sind zudem besonders deckennahe Montagen zu vermeiden.

Die weitere benötigte Infrastruktur muss im Zusammenhang mit den angestrebten Anwendungsfällen betrachtet werden. Das Auswerten der Daten und die Wartbarkeit des Gesamtsystems bedingt zunächst eine Client-Server-Architektur, wobei der Client vergleichsweise einfach aufgebaut sein sollte. Der Server übernimmt somit im Idealfall folgende Funktionen:

- Ablage, Optimierung und Aktualisierung der Fingerprint-Datenbank,
- Positionsbestimmung,
- Kreation, Verwaltung und Distribution von Marketingaktionen,
- Logging und Auswertung.

Auf dem Smartphone verbleiben somit:

- Messung und Übertragung der Fingerprints,
- Darstellung der unterschiedlichen Funktionen,
- Notwendige Karten.

Letzteres kann ebenfalls auf den Server ausgelagert werden, um die Anwendung so einfach wie möglich zu gestalten. Für bestimmte Anwendungsfälle sind jedoch auch offline Karten wünschenswert, bei denen die Karten auf dem Smartphone verbleiben.

Aufbau der Datenbank Die Fingerprint-Datenbank ist die Grundlage einer netzunabhängigen Indoor-Ortung. Sie bildet die Basis für die Positionsbestimmung. Im Vorfeld einer Indoor-Ortung muss zunächst eine Referenz-Datenbank erzeugt werden. Mögliche Methoden hierfür sind die statische Aufnahme in einem vorher definierten Raster oder das gleichmäßige Ablaufen eines Pfades mit aktiver Fingerprint-Aufnahme in der Bewegung. Erstere zeigte in der Praxis eine höhere Genauigkeit und geringere Störanfälligkeit, da mehrere Fingerprints am gleichen Ort aufgezeichnet und auf mögliche Abweichungen durch Störungen statistisch ausgewertet werden können. Die zweite Methode ist mit wesentlich geringerer Aufnahmezeit und geringeren Aufwand verbunden, kann aber zu starken Ungenauigkeiten führen. In Gebäuden oder Abschnitten mit relativ schmalen Gängen ist dies eher unkritisch. In großflächigen Hallen verspricht allerdings die erste Vorgehensweise bessere Ergebnisse. Zu berücksichtigen ist dabei, dass der Abstand von einem Rasterpunkt zum nächsten die maximal mögliche Genauigkeit bestimmt.

Bei dem Aufbau einer statischen Fingerprint-Datenbank sind mindestens folgende Attribute zu berücksichtigen:

- **Position:** Die Aufnahmeposition eines Fingerprints ist entscheidend für die spätere Zuordnung bei der Positionsbestimmung bzw. als Referenzpunkt für eine Datenbank-Aktualisierung. Die Position sollte dabei in einem einheitlichen Format inklusive x-, y- und z-Koordinate abgespeichert werden. Die z-Koordinate bezeichnet hierbei das jeweilige Stockwerk innerhalb eines Gebäudes. Für die genaue Bestimmung des Aufnahmeortes erwies sich in der Praxis eine hinterlegte Karte des Gebäudes als sehr hilfreich, auf der die Position ausgewählt und der Fingerprint zugeordnet werden konnte.
- **Fingerprint ID:** Die Fingerprint ID ermöglicht das Zuordnen aller aufgenommen Attribute zu einem Fingerprint und die Abgrenzung mehrerer Aufnahmen an derselben Position.
- **MAC-Adresse:** Während mehrere WLAN-Zugangspunkte innerhalb eines Netzwerkes die gleiche SSID besitzen können, ist die MAC-Adresse einmalig. Somit eignet sie sich bei der Aufnahme der Fingerprints als Identifikator der Sendeeinheiten. Da heutzutage viele Smartphones als mobile WLAN-Hotspots genutzt werden, ist es sinnvoll vor der Datenbank-Aufnahme die zu berücksichtigen MAC-Adressen zu definieren und die restlichen nicht mit einzubeziehen.
- **RSSI:** Der Received Signal Strength Indicator (RSSI) ist ein Indikator für die Empfangsfeldstärke von WLAN-Signalen. Dieser besitzt keine festgelegte Einheit und muss je nach Chiphersteller und verfügbarer API unterschiedlich interpretiert werden. Für die Nutzung in diversifizierten Umgebungen sollte deswegen sichergestellt werden, dass die unterschiedlichen Interpretationen einheitlich in der Datenbank abgelegt werden. Mehrere Messungen des RSSI pro MAC-Adresse sind sinnvoll, um mögliche Störungen oder Fehler bei der Aufnahme auszuschließen.

4.2.3 Praktische Erfahrungen und Empfehlungen

Allgemeine Umgebung Eine der größten Herausforderungen für eine Indoor-Ortung ist die Umgebung, in der sie realisiert werden soll. Je nach Gebäudegröße, Architektur und verbauten Materialien breitet sich elektromagnetische Strahlung unterschiedlich aus. Das Ziel für eine erfolgreiche Umsetzung ist somit die bestmögliche Anpassung des Systems an die Gebäudeeigenheiten. Das Terminal 2 des Hamburger Flughafens ist z. B. eine sehr große Halle mit vielen Metallverstrebungen und mehreren offenen Ebenen.

Während WLAN-Signale in Bürogebäuden mit Betonwänden sehr gut gedämpft werden, ist ein WLAN-Zugangspunkt der ursprünglich installierten Infrastruktur im Hamburger Flughafen an jeder Position im Terminal 2 sehr gut sichtbar gewesen. Der Unterschied zwischen zwei gegenüberliegenden Ecken betrug durchschnittlich nur ca. 10 Einheiten des RSSI. Wird zusätzlich noch angenommen, dass die verbauten Chipsätze heutiger Smartphones relativ ungenau messen, sind 10 Einheiten nicht ausreichend um eine Position exakt zu berechnen. Die sehr gute Ausbreitung des WLAN-Signals ist somit positiv als auch negativ zu bewerten: Negativ für die ungenau messenden Smartphones und positiv für die WLAN-Verfügbarkeit am Hamburger Flughafen.

Für einen Flughafen ist deshalb ein Kompromiss am wirtschaftlichsten. Die existierende Infrastruktur kann dadurch unter der Prämisse weiterhin verwendet werden (mit deaktivierter Stromsparfunktion), dass gleichzeitig die Ausgangsleistung reduziert werden muss. Nach der Infrastrukturanpassung wird dann die Signalausbreitung untersucht. An Stellen mit nicht ausreichendem Signalempfang muss die Infrastruktur mit weiteren Zugangspunkten ergänzt werden. Diese müssen nicht zwangsläufig ins Netzwerk eingebunden werden. Es genügt die alleinige Verwendung als Signalerzeuger. Je kleiner die neu entstandenen Zellen sind, desto genauer kann letztendlich die Indoor-Ortung erfolgen. Randbedingung für die Zellgröße ist jedoch, dass sich an jedem Ort mindestens drei Zellen überschneiden.

Übrige Einflussfaktoren, wie z. B. ungewollte Reflexionen müssen softwareseitig über Filter und Plausibilitätschecks ausgeglichen werden.

Ständige Veränderung Je nach Gebäude und Anwendungsfall muss die Indoor-Ortung in unterschiedlich dynamischen Umgebungen funktionieren. An einem Flughafen ist diese Dynamik sehr ausgeprägt. Vor allem bauliche Maßnahmen stehen oft auf der Tagesordnung. Hauptgründe hierfür sind neue Regularien, wechselnde Shops und Restaurants, sowie spezielle Veranstaltungen oder neue Marketingmaßnahmen. Alle Gründe haben eine gemeinsame Auswirkung: Eine mehr oder weniger starke Veränderung der Signalausbreitung. In Abhängigkeit der Größe der WLAN-Zellen muss somit ein gewisser Bereich neu eingemessen und die Datenbank aktualisiert werden. Dies sollte von den zur Verfügung stehenden Werkzeugen unterstützt werden. Abhängig von den Gebäudeeigenschaften und den baulichen Maßnahmen kann auch mit Simulationen gearbeitet werden, die eine aufwändige partielle Neuaufnahme ersetzen.

Doch nicht nur bauliche Maßnahmen können Auswirkungen auf die Signalausbreitung haben. Vor allem bewegliche große metallische Gegenstände führen zu einer starken Abweichung der Messergebnisse. So zeigte sich bei einem Testlauf im Hamburger-Terminal, dass eine durch das Gebäude bewegte Gepäckwagenschlange eine Abweichung von bis zu 30 m verursacht hat, wenn sich diese im nahen Umfeld des messenden Endgerätes befand. Solche kurzfristigen Sprünge innerhalb der Positionsbestimmung sind durch entsprechende Plausibilitätschecks und Algorithmen korrigierbar.

Große Menschenmassen, die sich durch das Gebäude bewegen, bedingen eine zusätzliche Dynamik. Diese wird durch die aktivierte WLAN-Hotspot-Funktion ihrer Smartphones verstärkt. Um deren Auswirkung zu begrenzen, sollte bei der Einmessung der Datenbank und Auswertung der Fingerprints nur auf bekannte zuverlässige MAC-Adressen zurückgegriffen werden. Den Auswirkungen großer Menschmassen kann am besten durch eine gezielte Positionierung der WLAN-Zugangspunkte bzw. deren externen Antennen über den Köpfen der Menschen (2,5–3,5 m Höhe) entgegengewirkt werden.

Endgeräte Die Entwicklung und Verbreitung von Smartphones einschließlich zugehöriger Apps kann als Wendepunkt in der jahrelangen Indoor-Ortungsforschung gesehen werden. Waren früher dedizierte Endgeräte (Eigenbauten mit teuren Chips und Sensoren) notwendig, besitzen heute immer mehr Menschen ein Smartphone. Dieses stellt viele der benötigten Funktionen zu einem relativ geringen Preis zur Verfügung.

Jedes Smartphone hat allerdings ein unterschiedliches Design. Dieses bezieht sich nicht nur auf das Äußere, sondern vor allem auch auf die verbaute Antennentechnik im Inneren. Hinzu kommen noch unterschiedliche Chipsätze und softwarespezifische Anpassungen jedes einzelnen Herstellers. Zusätzlich existiert keine standardisierte Normierung der Feldstärken. Das hat zur Folge, dass die Messergebnisse auf den Endgeräten divergieren, und zwar nicht nur bezüglich der Höhe des RSSI-Wertes, sondern auch bezüglich der Anzahl der gemessenen RSSI-Werte innerhalb eines gleichen Zeitraumes. Daraus folgt die Notwendigkeit einer Kalibrierung aller Endgeräte, um eine normierte Fingerprint-Datenbank nutzen zu können.

Je nach Endgerät kann auch eine veränderte Lage zu unterschiedlichen Messergebnissen führen. Wird die gesamte Rückseite des Smartphones von der Handfläche bedeckt, z. B. wenn man es waagerecht in die Handfläche legt, wird bei einigen Modellen die Antennentechnik verdeckt. Daraus folgt eine höhere Dämpfung der Signale. Zur Vermeidung dieses Effektes sind zwei unterschiedliche Szenarien denkbar. Zum einen das Erkennen und Gegensteuern durch Softwareanpassungen, zum anderen durch Erziehung des Nutzers. Dreht sich z. B. die Karte bei waagerechter Smartphone-Lage nicht mit, ist die Nutzung der Anwendung nicht mehr komfortabel und das Smartphone wird wieder in eine bessere Lage gebracht.

Eine der größten Herausforderungen für die Indoor-Ortung ist die Kompatibilität mit den aktuell erhältlichen Smartphone-Betriebssystemen. Während momentan Googles Android und Apples iOS den Smartphone-Markt beherrschen, versuchen weitere Anbieter wie Blackberry, Microsoft oder die Mozilla Foundation dieses Duopol zu brechen. Aber egal wie sich der Markt in Zukunft entwickeln wird, ergeben sich schon durch die vielen am Markt verbreiteten Versionen von Android Schwierigkeiten bei der Unterstützung aller Smartphones. Vor allem ältere Modelle werden bei Betriebssystem-Aktualisierungen meist nicht mehr berücksichtigt. Daraus folgt eine eingeschränkte Funktionsunterstützung.

Die Diskrepanz zwischen Funktionen, die hardwareseitig unterstützt werden und dem vom Hersteller zugelassenen Zugriff via API, ist eine zusätzliche Herausforderung. Die API wird dabei durch den Betriebssystemhersteller definiert und erlaubt App-Entwicklern einen genau definierten, mehr oder weniger eingeschränkten Zugriff auf die Technologiestandards spezifischer Funktionen. Die API unterscheidet sich dabei sowohl zwischen den unterschiedlichen Betriebssystemen, als auch in ihren einzelnen Versionen. Während z. B. bei Android Zugriffe auf die unterschiedlichen Signalstärken der umgebenden WLAN-Zugangspunkte erlaubt sind, ist iOS diesbezüglich sehr eingeschränkt und bietet seit iOS5 keine erlaubte Schnittstelle für die Ermittlung der RSSI-Werte. Im Feldversuch wurden deswegen Android-Smartphones ab Version 2.3 unterstützt. Um eine Kompatibilität der Indoor-Ortung zu allen gängigen mobilen Betriebssystemen zu ermöglichen, muss deswegen ein Technologiemix verwendet werden. Eine Einschränkung auf eine Technologie wie z. B. WLAN wird sich in Zukunft wahrscheinlich nicht durchsetzen. Des Weiteren ermöglicht ein Technologiemix auch eine geringere Abhängigkeit von Änderungen in der API seitens der Hersteller. Schränkt z. B. auch Android in Zukunft den Zugriff auf WLAN-Informationen ein, kann auf eine andere Technologie, wie zum Beispiel das Mikrosystem, umgeschwenkt werden.

Standards Aufgrund der unterschiedlichen am Markt verfügbaren Technologien und dem sich noch entwickelnden Ökosystem existieren noch keine gängigen Standards für eine Indoor-Ortung und darauf aufbauenden Applikationen. Da in Zukunft Outdoor- und Indoor-Bereich weiter verschmelzen werden, hat es sich z. B. bei der geographischen Referenzierung als nützlich herausgestellt, gängige Outdoor-Standards wie das World Geodetic System (WGS)84-System auch für den Indoor-Bereich zu übernehmen. Die Verwendung der entsprechenden Koordinaten innerhalb der Indoor-Ortung erleichtert zudem die spätere Kommunikation zu etablierten Outdoor-Anwendungen, wie Navigations- oder anderen LBS-Apps. Der Gebrauch von bereits bestehenden Standards ermöglicht zusätzlich die vereinfachte Realisierung eines nahtlosen Übergangs vom Outdoor-Bereich in den Indoor-Bereich (Ende-zu-Ende Navigation).

Die Kommunikation einer App mit dem Ortungsserver sollte ebenfalls auf Standardformaten der üblichen App-Entwicklung, wie z. B. der Java Script Object Notation (JSON) basieren. Somit können auch Drittanbieter auf die Indoor-Ortung zurückgreifen.

Für die Indoor-Karten müssen neue Standards aufgrund der neuen Umgebung geschaffen werden. Verschiedene Stockwerke oder auch Räume und Rolltreppen mussten bisher bei Outdoor-Karten nicht berücksichtigt werden. Hier bietet es sich dennoch an, auf bekannte Werkzeuge und Formate zurückzugreifen und die Modelle und zugehörige Attribute entsprechend zu erweitern. Zur Realisierung zusätzlicher Plausibilitätschecks sollte neben einem einheitlichen Kartenstandard auch eine standardisierte API für den Zugriff auf die Karten und ihre Metadaten entwickelt werden.

Fazit und Ausblick WLAN als Basis für eine Indoor-Ortung funktioniert. Der Feldversuch bestätigte dabei die Vorteile der Technologie, zeigte aber auch deren Grenzen und Herausforderungen, die sich vor allem in großen Hallen manifestieren. Um letztlich auf eine Genauigkeit von 5–10 m zu kommen, gilt es genau diese zu bewältigen. Dabei spielt der Technologiemix eine entscheidende Rolle. Durch die Kombination der beschriebenen Indoor-Ortungsansätze und somit der jeweiligen Vorteile kann die Positionsbestimmung weiter verbessert werden. Die zusätzliche Verwendung von Mobilfunkstandards und des Mikrosystems kann bei einer schlechten Abdeckung mit WLAN-Zugangspunkten eine sonst notwendige Aufrüstung der bestehen WLAN-Infrastruktur verhindern. Ferner können bestehende WLAN spezifische Effekte (z. B. aufgrund des verwendeten Frequenzbandes) umgangen werden.

Der Technologiemix mit etablierten Standards wird ebenfalls zum Erfolg der Indoor-Ortung mit einer Vielzahl von verschiedenen Endgeräten beitragen. Eine große Abhängigkeit besteht hier zu den Herstellern der Smartphones und vor allem der dazugehörigen Betriebssysteme. Sie schaffen mit ihren APIs die Grundlage für ein Ökosystem aus Indoor-Ortungstechnologie und entsprechenden Anwendungen. Sie sind somit letztendlich auch für den Markterfolg und dem damit verbundenen Durchbruch der Indoor-LBS-Industrie mitverantwortlich. Diese Vormachtstellung erlaubt es ihnen aber auch, Innovationen auf diesem Gebiet zu unterdrücken oder ausschließlich für sich selbst zu nutzen.

Gehen die Innovationen auf diesem Gebiet ungehindert weiter und werden sie zusätzlich durch Standards gefestigt, dann hört die Navigation in Zukunft nicht mehr an der Eingangstür auf. Die Navigation beginnt dann für viele Menschen dort, wo wir die meiste Zeit unseres Lebens verbringen, im Indoor- bzw. Innenbereich.

4.3 Erfassung von Positions- und Bewegungsdaten von Fahrzeugen mit Hilfe von Smartphones

Josef Ritzer und Markus Lienkamp

Das Aufkommen von Smartphones mit Positions- und Bewegungssensorik eröffnet neue Möglichkeiten in der Mobilitätsforschung. Ein Einsatz dieser Geräte als Ortungsgerät zur Aufzeichnung von Fußwegen und Fahrten mit öffentlichen Verkehrsmitteln ist ebenso denkbar, wie die Verwendung als Messgerät in Fahrzeugen zur Bestimmung von fahrdynamischen Kenngrößen.

Aktuelle Smartphones verfügen über Beschleunigungssensoren, Gyrosensoren und Magnetometer zur Bewegungsmessung, sowie Ortungssensoren und Barometer zur Positionsbestimmung. Die Performance der einzelnen Sensoren ist aus Kosten-, Gewichts- und Platzgründen auf einem für Spieleanwendungen geeigneten Niveau. Ein Einsatz der Bewegungssensorik für Navigationszwecke ist aufgrund der Sensorfehler derzeit nicht bekannt.

Sensoren zur Positionsbestimmung über das amerikanische Global Positioning System (GPS) oder das russische GLONASS-System liefern nur unter idealen Bedienungen verlässliche Ergebnisse. Vorrausetzung für den Signalempfang ist die freie Sicht nach oben. Wird diese eingeschränkt, zum Beispiel durch Gebäude, Berge, Wälder oder elektronische Störungen, beeinflusst das die Positionsmessung auf negative Weise.

GPS-Sensoren sind anfällig für Störungen aus der Umgebung, verfügen aber über eine zeitunabhängige Positionsgenauigkeit. Inertialsensorik ist dagegen sehr störungsunempfindlich. Ihre Positionsgenauigkeit sinkt aber, durch die Aufintegration der Sensorfehler, rapide mit der Zeit. Sensordatenfusion verbindet die Stärken von beiden Technologien und bringt weitere Synergieeffekte hervor. Durch die geschickte Kombination von Sensoren lässt sich die Verfügbarkeit, Genauigkeit und Integrität der Informationen steigern.

Das Ziel dieser Arbeit gliedert sich in zwei Aspekte. Zur Erfassung von Sensordaten aus der Sensorik von Smartphones ist der Aufbau einer leistungsfähigen Infrastruktur nötig. Zur Datenaufbereitung ist die Entwicklung von Methoden zur Verbesserung der Positions- und Orientierungsgenauigkeit von GPS- und Bewegungssensorik in Smartphones erforderlich.

Einsatz des Systems in Flottenversuchen Das im Folgenden Vorgestellte System zur Datenerfassung wurde in Rahmen des Projektes „eFlott – Online-Analyse des Nutz- und Ladeverhaltens von Elektrofahrzeugen im Flottenversuch" entwickelt und getestet. Dieses Vorhaben wurde vom Bundesministerium für Verkehr, Bau und Stadtentwicklung gefördert. Ziel war die Erprobung von Elektrofahrzeugen und der zugehörigen Ladeinfrastruktur. In diesem Projekt wurden die Mobilitäts- und Fahrdynamikdaten von den Elektrofahrzeugen mit Smartphones erfasst. Insgesamt wurden Sensordaten über eine Gesamtstrecke von über 100.000 km aufgezeichnet.

Derzeit wird das System im Nachfolgeprojekt „VEM – Virtuelle Elektromobilität im Taxi- und Gewerbeverkehr München" eingesetzt. Gefördert wird dieses Projekt vom Bundesministerium für Wirtschaft und Technologie. Ziel ist die Untersuchung technischer, wirtschaftlicher und ökologischer Gesichtspunkte von elektrifizierten Fahrzeugflotten. Parallel dazu zeichnet das System derzeit im Projekt „eMUC – Mobilitätsuntersuchungen mit MINI Elektrofahrzeugen im Kontext von Privat- und Flottennutzern in urbanen Zentren" Fahrprofile des MINI E in München auf. Das Projekt mit einer Laufzeit von zwei Jahren wird vom Bayerischen Staatsministerium für Wirtschaft, Infrastruktur, Verkehr und Technologie gefördert.

4.3.1 Stand der Technik

Als Sensordatenfusion bezeichnet man die Kombination von Messwerten aus mehreren Sensoren. Ziel ist es, die Qualität der Messwerte zu steigern, um diese für nachfolgende Datenauswertungen verwenden zu können. Der Einsatz von Smartphone-Sensorik in Kombination mit Algorithmen zur Schätzung von Positions- und Bewegungsdaten bringt neue Herausforderungen mit sich. Im folgendem werden die Eigenschaften der eingesetzten Sensoren näher beschrieben und Algorithmen zur Fusion von Sensordaten vorgestellt.

Tab. 4.1 Qualitätsstufen von inertialen Sensoren zum Vergleich mit aktueller Smartphonesensorik

Qualitätsstufen von Sensoren	Beschleunigungssensor		Gyrosensor	
	Biasvarianz in μg	Rauschdichte in $\dfrac{(\mu g)^2}{Hz}$	Biasvarianz in $\dfrac{\circ}{h}$	Rauschdichte in $\dfrac{\left(\dfrac{\circ}{s}\right)^2}{Hz}$
Hoch	≤ 50	$\leq 0{,}01$	≤ 100	$\leq 10^{-9}$
Mittel	$200\text{–}500$	~ 2500	$0{,}1\text{–}1{,}0$	$\sim 10^{-6}$
Niedrig	≥ 1000	> 2500	≥ 10	$> 10^{-6}$
Smartphonesensorik				
iPhone 5	20.000	47.524	600	9×10^{-4}
Samsung S3	40.000	48.400	600	9×10^{-4}
iPhone 4	70.000	422.500	600	9×10^{-4}

MEMS-Sensoren in Smartphones Miniaturisierte Sensoren in Mobiltelefonen basieren auf der Micro-Electro-Mechanical System-Technolgie (MEMS). Zur Ausstattung heutiger Smartphones zählen Beschleunigungsmesser und Gyroskope, welche die auftretenden Kräfte und Drehraten in den drei Raumrichtungen messen. Zur Detektion von Umgebungsbedingungen finden sich in Smartphones Magnetometer, Barometer und Temperatursensoren. Diese messen die magnetische Feldstärke, den atmosphärischen Druck und die Umgebungstemperatur. Die Position kann mit Hilfe von GPS-Empfängern bestimmt werden. Neuere Sensoren unterstützen sowohl das amerikanische GPS-System als auch das russische GLONASS-System und beziehen zur Positionsbestimmung Korrektursignale von SBA-Systemen (Satellite Based Augmentation System) mit ein. Alternativ ist auch eine Ortung über Wireless Lan (WLAN) oder Mobilfunk möglich. Bei der WLAN-basierten Ortung wird die Position aus WLAN-Sendemustern berechnet. Bei der mobilfunkbasierten Ortung erfolgt die Positionsbestimmung durch die Zuordnung des Smartphones in eine Funkzelle. Die Kombination von Ortungstechnologien erhöht die Ortungsgenauigkeit und reduziert die Zeit zur erstmaligen Positionsbestimmung.

Die eingesetzten MEMS-Sensoren in mobilen Endgeräten haben große Einschränkungen bezüglich Genauigkeit und Sensitivität und sind deshalb nicht vergleichbar mit MEMS-Sensoren, welche derzeit für Navigationszwecke eingesetzt werden. Ein entscheidender Nachteil der verwendeten MEMS-Sensoren ist auch der starke Zusammenhang zwischen Sensorfehlern und Umgebungseinflüssen wie Temperaturschwankungen, welche aber bei Smartphones durch die Abwärme des Akkus und der CPU unvermeidbar sind.

In Tab. 4.1 sind Kennwerte von verschiedenen Qualitätsstufen inertialer Sensoren im Vergleich zu Sensorkennwerten aus aktuellen Smartphones angegeben. Die Kennwerte zeigen deutlich, dass die Sensoren in Smartphones weniger performant sind. Sie zählen zum „Very Low Cost"-Bereich oder Consumerbereich. Allerdings zeigt Tab. 4.1 auch die Verbesserungen der Sensoren in den letzten Jahren. Die Kennwerte des im iPhone 5 verbauten Beschleunigungssensors haben sich zu dem im iPhone 4 deutlich verbessert. Die

Werte für die Sensoren in Smartphones sind den Datenblättern der Sensorhersteller entnommen (STMicroelectronics 2009a, b, 2010a, b). Die Qualitätsstufen von inertialen Sensoren stammen von Bar-Shalom et al. (2001).

Bekannte Frameworks zur Sensordatenfusion auf Smartphones Die derzeit verbreiteten Betriebssysteme für Smartphones sind Android, iOS und Windows Phone. Alle drei besitzen in das Betriebssystem integrierte Frameworks zur Sensordatenfusion. iOS enthält das Core Motion Framework, in Android und Windows Phone lassen sich sogenannte „virtuelle Sensoren" einbinden. Fusioniert werden die Sensordaten aus dem Beschleunigungssensor, dem Gyroskop und dem Magnetometer. Ziel ist die Bestimmung der Orientierung und der relativen Bewegungen des Geräts. Systeme zur Bestimmung der Orientierung werden als Attitude Heading Reference Systeme (AHRS) bezeichnet.

Auch Sensorhersteller bieten Frameworks zur Sensordatenfusion speziell für ihre Sensoren. Die Software ist aber meist proprietär. Bekannte Frameworks sind iNEMO von STMicroelectronics (o. J.) und die Motion Processing Library von InvenSense (o. J.). Die Softwarepakete beschränken sich auf die Orientierungsschätzung. Für die kombinierte Orientierungs- und Positionsschätzung sind derzeit keine Lösungen für Smartphones bekannt.

Algorithmen zur Sensordatenfusion Zur Fusion von Sensordaten auf Smartphones sind Filter zur GPS/INS-Integration sowie AHR-Systeme erforderlich. AHR-Systeme verwenden zur Orientierungsbestimmung den Beschleunigungssensor zur Messung der Erdbeschleunigung, welche im Navigationskoordinatensystem der z-Achse entspricht. Anhand des Magnetometers wird die Richtung zum Nordpol bestimmt, welche mit der x-Achse übereinstimmt. Durch die Bildung des Kreuzproduktes der beiden Vektoren kann die y-Achse des Koordinatensystems bestimmt werden. Der Gyrosensor dient zur Detektion von schnellen Lageänderungen. In der Literatur finden sich drei verschiedene Filtertypen für AHR-Systeme. Am weitesten verbreitet sind Kalman Filter. Danach folgen Filter von Mahony et al. (2008) und Madgwick et al. (2011). Mahony entwickelte einen nichtlinearen komplementären Filter zur Orientierungsschätzung und Madgwick veröffentlichte 2010 einen Algorithmus, beruhend auf einem Gradientenabstiegsverfahren. Nach Untersuchungen von Madgwick et al. (2011) ist der von ihm entwickelte Filter im Vergleich zu einem Kalman Filter genauer und benötigt weniger Rechenaufwand.

Filter zur GPS/INS-Integration lassen sich unterteilen in Shin (2005):

- Linearisierte Kalman Filter (LKF) und Extend Kalman Filter (EKF), welche um die aktuelle Schätzung den Mittelwert und die Kovarianz linearisieren.
- Sampling basierte Filter wie der Unscented Kalman Filter (UKF) und der Partikel Filter bei denen die Mittelwerte und Kovarianzen durch nichtlineare Funktionen mindestens zweiter Ordnung propagiert werden.
- Filter die auf künstlicher Intelligenz beruhen und hierfür neuronale Netze einsetzen.

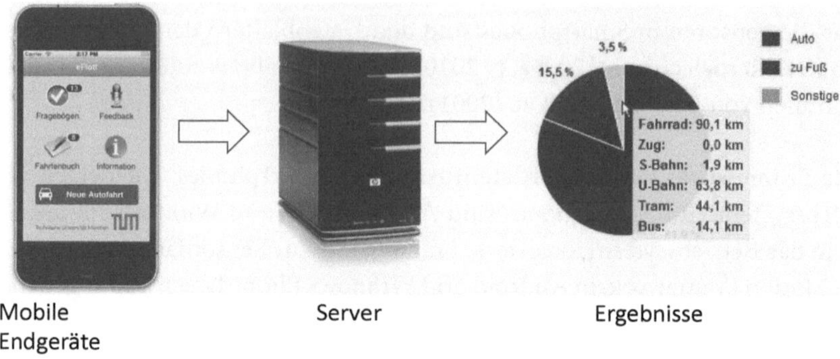

Abb. 4.1 Schematischer Ablauf der Datenerfassung

In Arbeiten von Shin (2005) und Wendel (2007) wurde die Performance von EKF und UKF zur GPS/INS-Integration verglichen. In den Untersuchungen zeigen beide Filter ein identisches Verhalten bei der Genauigkeit der Navigationslösung. Vorteil des UKF war jedoch die schnellere Konvergenz bei großen Initialisierungsfehlern.

Abschließend kann festgehalten werden, dass nach aktuellem Kenntnisstand keine integrierten Navigationslösungen, bestehend aus GPS und MEMS-Sensoren, für Smartphones in der Literatur zu finden sind. Veröffentlichungen zu Fahrdynamikmessungen mit mobilen Endgeräten sind ebenfalls nicht bekannt.

4.3.2 Plattform zur Erfassung von Bewegungsdaten

Die Aufzeichnung, Aufbereitung und Analyse von Sensordaten aus interner Smartphonesensorik bedarf einer informationstechnischen Infrastruktur. Die Sensordaten müssen anhand von Applikationen auf mobilen Endgeräten aufgezeichnet und zur Auswertung an einen zentralen Rechner gesendet werden. Auf dem Rechner sind Programme zum Empfang, sowie der Speicherung und Verarbeitung der Daten notwendig. In diesem Abschnitt werden die technischen Aspekte des entwickelten Datenerfassungssystems erläutert. Die Plattform ist für den Einsatz in Flottenversuchen mit Elektrofahrzeugen konzipiert. Gegliedert wird das System in eine Clientseite und eine Serverseite (siehe Abb. 4.1).

Applikation auf dem Smartphone Eine Applikation zur Datenerfassung wurde für die Betriebssysteme iOS und Android programmiert. Die Sensoren werden in iOS über das Core Motion und das Core Location Framework ausgelesen. Bei diesen beiden Frameworks handelt es sich um Abstraktionsebenen zwischen dem Sensor und der Applikation. Ein direkter Zugriff auf dem Sensor ist in iOS nicht möglich. Bei Android können die Sensoren anhand des Hardware Abstraction Layer (HAL) ausgelesen werden. Über Umwege ist auch ein direkter Zugriff auf den Sensor möglich. Die Aufzeichnung der Sensorwerte erfolgt mit der maximalen Frequenz von 100 Hz bei Beschleunigungs- und Gyrosensoren,

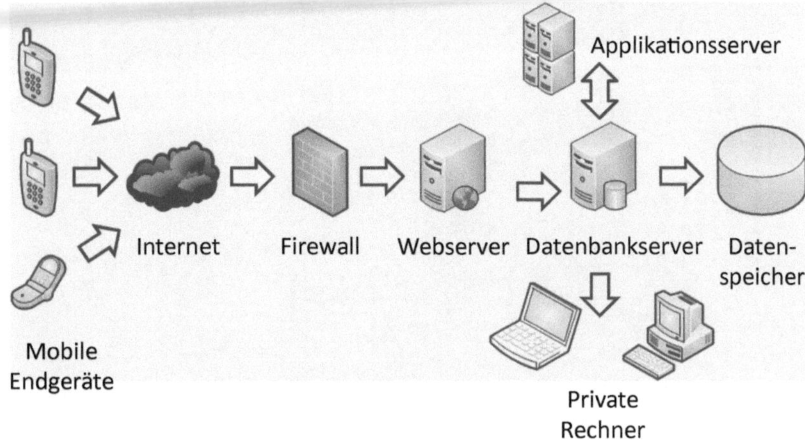

Abb. 4.2 Schematischer Aufbau der Serverinfrastruktur

65 Hz bei dem Magnetometer und 1 Hz bei dem GPS-Sensor. Um die hohen Abtastraten zu erreichen und von anderen rechnenintensiven Operationen nicht beeinflusst zu werden, erfolgt das Auslesen der Sensoren in eigenen Threads. Die Sensordatenaufbereitung kann sowohl auf dem Smartphone als auch auf dem Server erfolgen. Zum Senden der Messwerte an einen zentralen Rechner werden diese in einzelne, binäre Datenpakte geschrieben. Zur Spezifikation des Protokolls der Datenpakete werden Google Protocol Buffers verwendet (Google 2013). Dieses binäre Format ist programmiersprachen- und plattformunabhängig, was die einfache Verwendung in verschiedenen mobilen Betriebssystemen erleichtert. Zudem können Messwerte von unterschiedlichen Sensoren in einer Nachricht verschickt werden. Nach einer Authentifizierung des Clients beim Server werden die Daten über das WLAN- oder Mobilfunknetz gesendet. Da es sich bei den Messwerten auch um Positionsdaten handelt, erfolgt die Übertragung verschlüsselt.

Aufbau der Serverapplikation Die Kommunikation aller Clients mit dem Server erfolgt über eine standardisierte Schnittstelle. Beim Empfang der Datenpakete werden diese zuerst auf lokalen Serverfestplatten zwischengespeichert, um die Geschwindigkeit der Datenübertragung zu erhöhen. Die einzelnen Datenpakte werden anschließend geparst, gefiltert und in die Datenbank geschrieben. Um eine gute Skalierung des Systems zu gewährleisten erfolgt das Parsen, Filtern und Schreiben in die Datenbank parallel in mehreren Threads. Abbildung 4.2 zeigt den Aufbau der Serverinfrastruktur. Für die Datenauswertung stehen Applikationsserver zur Verfügung. Zusätzlich kann mit privaten Rechnern direkt auf die Datenbank zugegriffen werden.

Zur Visualisierung der Daten steht ein Webportal zur Verfügung. Dieses erlaubt den direkten Zugriff auf die gesammelten und gefilterten Daten in der Datenbank. Abbildung 4.3 zeigt die Oberfläche des Portals. In einer Kartenansicht wird die gefahrene Strecke dargestellt. In der oberen Bildhälfte können, je nach Auswahl, die Geschwindigkeiten, die Beschleunigungen und weitere Messdaten dargestellt werden.

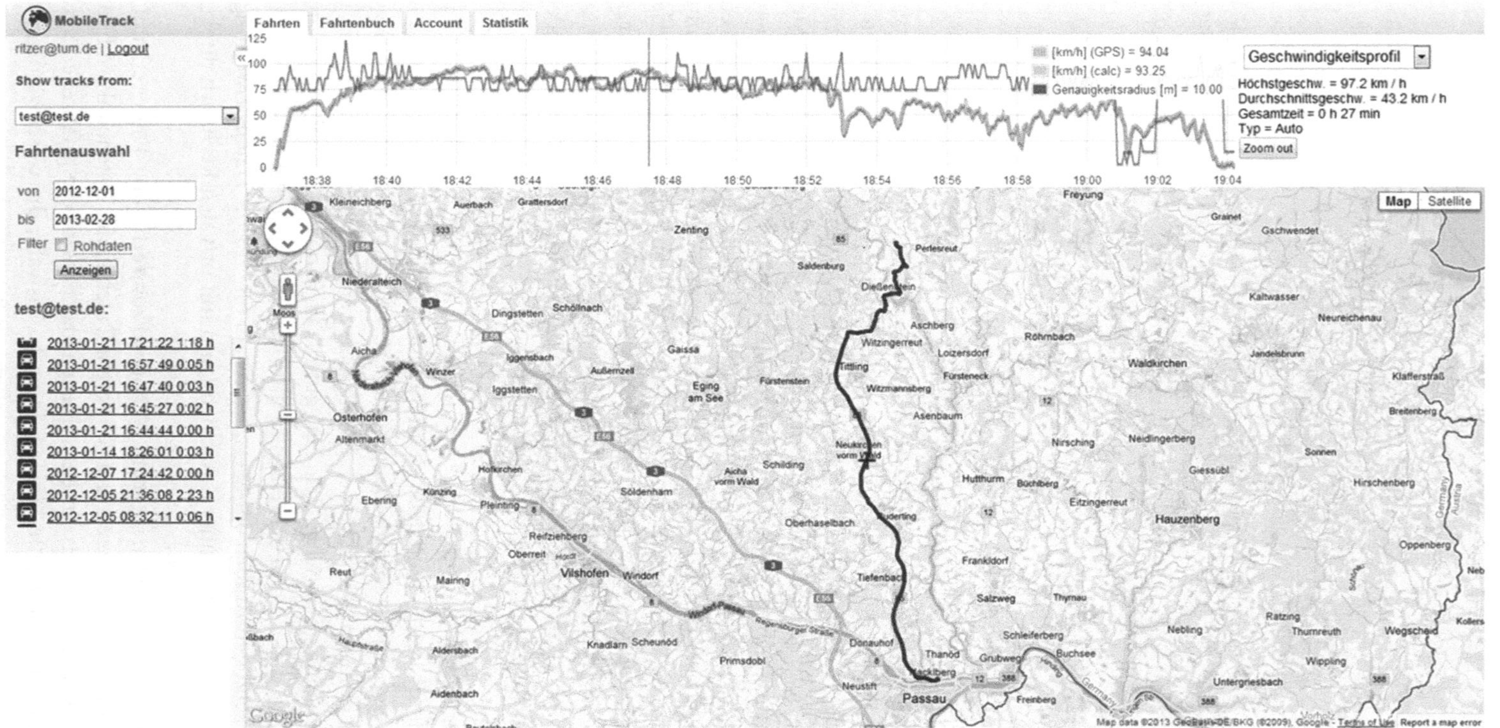

Abb. 4.3 Webportal zur Visualisierung der Sensordaten

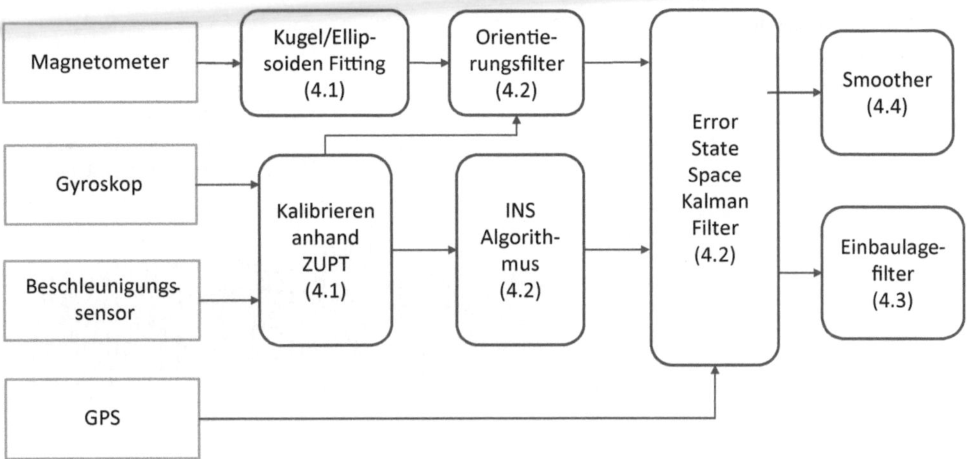

Abb. 4.4 Filterstruktur zur Datenaufbereitung

4.3.3 Filter zur Fusion von Messdaten

Dieses Kapitel beinhaltet den Systemaufbau zur Fusion von Sensordaten aus der Sensorik von Smartphones. Im Vordergrund steht ein Filter zur Bestimmung von Position, Geschwindigkeit und Orientierung von Fahrzeugen. Anhand geeigneter Sensormodelle können zusätzlich Beschleunigungs- und Drehratenmesswerte von Messfehlern korrigiert werden. Die Filterstruktur, angefangen mit der initialen Kalibrierung der Sensormesswerte im Stillstand bis hin zum abschließenden Glätten der Daten, dem sogenannten Smoothing, ist in Abb. 4.4 dargestellt.

Ziel dieses Filteraufbaus ist die Gewinnung von charakteristischen fahrdynamischen Kenngrößen wie dem Geschwindigkeitsprofil in den drei Raumrichtungen, Gier-, Nick- und Wankwinkel des Fahrzeugs, sowie den Beschleunigungen und Drehraten in allen Achsen. Die in Abb. 4.4 dargestellten Module werden nachfolgend im Detail beschrieben.

Kalibrierung von Sensoren Die größte Herausforderung bei der Fusion von Sensordaten aus der Sensorik von Smartphones sind die großen Sensorfehler, die stark von Umgebungseinflüssen abhängen. Zur Bestimmung dieser Fehler sind in der Literatur Methoden wie das Auto-Regression Moving Average Modeling (ARMA) oder die Allan Variance bekannt (vgl. El-Sheimy et al. 2008). Aufgrund der schlechten Qualität der Sensoren in Smartphones sind aber beide Methoden hier nicht anwendbar. Nach derzeitigem Forschungsstand können nur Werte für die Biase und Skalenfaktoren der Sensoren bestimmt werden. Mit dem Bias wird der Offset eines Sensors bezeichnet. Der Skalenfaktorfehler gibt die lineare Abweichung der gemessenen Größe zur tatsächlichen Größe an. Eine Möglichkeit, diese Fehler zu bestimmen, ist der Einsatz von Kalibierungseinrichtungen. Ohne diese kostenintensiven Hilfsmittel lassen sich beim Beschleunigungssensor und Gyrosensor die Biase aber auch anhand der Zero Velocity Updates Methode (ZUPT) bestimmen.

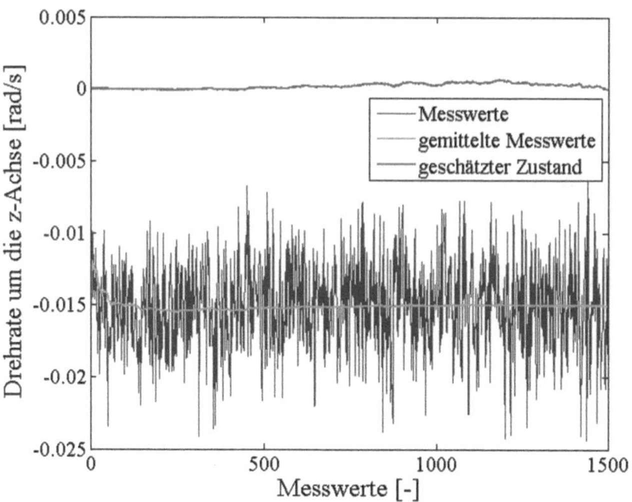

Abb. 4.5 Kalibrierung des Gyrosensors anhand ZUPT-Updates

Bei diesem Verfahren werden im Stillstand des Fahrzeugs Kalman Filter Updates mit dem Geschwindigkeitswert Null durchgeführt. Das Ergebnis dieser Sensorkalibierungsmethode ist in Abb. 4.5 dargestellt. Die blaue Linie zeigt die gemessenen Drehraten um die z-Achse. Die grüne Linie stellt den Mittelwert der Messwerte dar. Durch die Messupdates des Kalman Filters im Stillstand entsteht die rote Linie. Diese stellt zugleich die geschätzte Drehrate dar. Die Differenz zwischen der roten und grünen Linie entspricht den Bias des Sensors.

Neben den inertialen Sensoren weisen auch die eingebauten Magnetometer in Smartphones große Offsets und Skalenfaktoren auf. Diese werden durch umliegende magnetische Bauteile im Smartphone selbst sowie der Umgebung verursacht. Zur Korrektur dieser Sensorfehler sind in der Literatur mehrere Verfahren zu finden (vgl. Gebre-Egziabher et al. 2001, Vasconcelos et al. 2011). Ein Großteil dieser Methoden nutzt die Tatsache, dass der Vektor des gemessen Magnetfeldes bei Drehbewegungen einen Ellipsoiden beschreibt. Durch Schätzung der Ellipsoidenparameter können die Messwerte auf einen Kreis, mit dem Koordinatenursprung als Mittelpunkt, abgebildet werden. Die Werte auf der Oberfläche des Kreises entsprechen den kalibrierten Sensorwerten. In mehreren Testfahrten führten diese Verfahren jedoch nicht zum Ziel. Grund hierfür waren die fehlenden Drehbewegungen um die Längs- und Querachse des Fahrzeugs. Die aufgezeichneten Messwerte ähneln in ihrer Form einen Torus (siehe Abb. 4.6, links). Dieser Torus stellt nur das untere Segment des Ellipsoiden dar, was Verfahren zur Schätzung der Ellipsoidenparameter nicht konvergieren lässt. Zum Ziel führt eine Vereinfachung des Optimierungsproblems. Die Messwerte wurden an eine Kugel, statt an eine Ellipsoide angenähert. Der Radius der Kugel ist mit dem Erdmagnetfeld gegeben. Als Optimierungsmethode wird das Gradientenabstiegsverfahren eingesetzt. Abbildung 4.6 zeigt links die unkalibrierten Werte und rechts die Einpassung eines Kreises in die Punktewolke. Der Vektor zwischen dem Kreismittelpunkt und dem Koordinatenursprung entspricht dem Offset des Sensors.

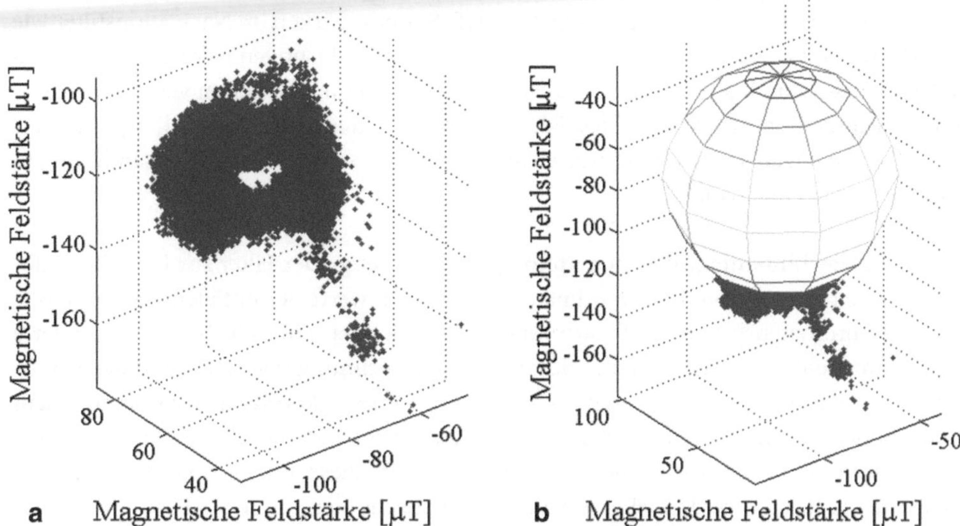

Abb. 4.6 *Links*: Messwerte des Magnetometers während einer Testfahrt. *Rechts*: Annäherung eines Kreises an die Magnetometermesswerte

Navigationsfilter zur Positionsschätzung In verschiedenen Tests wurden Fusionsfilter zur Integration von inertialen und GPS-Sensoren auf ihre Eignung für die Sensorik in Smartphones bewertet. Am besten geeignet erwies sich ein Error State Space Extended Sequential Kalman Filter. Dieses Ergebnis spiegelt auch die Aussagen von Shin 2005, Wendel (2007) und Yuksel (2011) wieder. Der Zusatz Error State Space sagt aus, dass der Zustandsvektor des Filters die Fehler der Navigationslösung enthält und keine absoluten Größen. Sequential bedeutet in diesem Zusammenhang die Verwendung der Positions- und Geschwindigkeitsmessungen zum Erfassungszeitpunkt. Eine Synchronisation mit den Sensorwerten aus den Beschleunigungs- und Drehratensensoren ist nicht nötig. Die Berechnung der Orientierung, Geschwindigkeit und Position aus den intertialen Sensoren führt ein Strapdown-Algorithums durch. Das Systemmodell des Kalman Filters setzt sich aus einem Navigations-Fehler-Modell und einem Intertial-Measurement-Unit-Fehler-Model (IMU-Fehler-Model) zusammen. Im Navigations-Fehler-Modell werden die Fehler der Position, Geschwindigkeit und Orientierung abgebildet. Das IMU-Fehler-Model enthält die Sensorfehler der Sensoren. Das Filter arbeitet im Navigationskoordinatensystem.

Wegen der geringen Güte des Beschleunigungs- und Gyrosensors wachsen die inertialen Navigationsfehler sehr schnell an. Positionsfehler und Geschwindigkeitsfehler können anhand des GPS-Sensors korrigiert werden. Orientierungsfehler sind nicht von anderen Sensoren beobachtbar und können deshalb nicht über zusätzliche Messwerte korrigiert werden. Die genaue Kenntnis der Orientierung ist aber entscheidend für die Berechnung der Position und der Geschwindigkeit aus den Beschleunigungsmesswerten. Durch Orientierungsfehler würden gemessene Beschleunigungen in den falschen Raumrichtungen aufaddiert und die Erdbeschleunigung nur unvollständig kompensiert. Um diese Abweichungen zu korrigieren, wird deshalb der Navigationsfilter durch ein zusätzliches AHR-System gestützt. Die Orientierungsschätzungen des AHR-Systems wirken im Navigationsfilter wie zusätzliche Messgrößen. Zur Verbesserung der Navigationslösungen werden im Stillstand ZUPT-Updates durchgeführt. Um die Stabilität der Schätzung weiter zu verbessern, können Bewegungseinschränkungen des Fahrzeugs in das Filter einfließen. Zulässige Annahmen bei Fahrzeugen sind beispielsweise Geschwindigkeits- und die Positionsänderung in z-Richtung von nahe Null.

Schätzung der Einbaulage des Smartphones im Fahrzeug Der Filter zur INS/GPS-Integration arbeitet im Navigationskoordinatensystem. Messwerte der initialen Sensoren werden im Koordinatensystem des Smartphones aufgezeichnet. Für Fahrdynamikkennwerte ist das Fahrzeugkoordinatensystem relevant. Zur Umrechnung der Mess- und Schätzgrößen muss die Transformationsmatrix zwischen dem Fahrzeugkoordinatensystem und dem Smartphonekoordinatensystem bekannt sein. Da die Probanden in den Flottenversuchen die Smartphones immer wieder neu positionieren, muss diese Transformationsmatrix bei jeder Fahrt geschätzt werden. Hierzu wurden statistische Verfahren zur Bestimmung der Einbaulage des Smartphones im Fahrzeug getestet. Es wird angenommen, dass die größten Beschleunigungen in Fahrzeuglängsrichtung auftreten, gefolgt von der Fahrzeugquerrichtung und nur hochfrequente Beschleunigungen in vertikaler Richtung. Bei den Drehraten verhält es sich genau umgekehrt. Diese sind um die Fahrzeughochachse am größten, im Vergleich zu den Drehraten um die Fahrzeugquer- und -längsachse. Statistische Verfahren zur Erkennung dieser Merkmale führten leider nicht zum Ziel, da die Systemanregung durch Beschleunigungen und Drehraten, bei vielen Fahrten zu gering war.

Bessere Ergebnisse erzielte dahingehend ein rekursiver, gewichteter Least Square Schätzer. Grundlage des Filters ist die Tatsache, dass der Geschwindigkeitsvektor, sofern das Fahrzeug nicht driftet, in Fahrzeuglängsrichtung zeigt. Der Geschwindigkeitsvektor aus den integrierten Beschleunigungsmessungen entspricht somit der Fahrzeuglängsachse. Die Hochachse des Fahrzeugs fällt mit dem Vektor der Erdbeschleunigung zusammen. Die Fahrzeugquerachse ergibt sich aus den beiden vorangegangenen Vektoren. Messungen bei höheren Geschwindigkeiten werden stärker gewichtet, was eine schnellere Konvergenz des Filters gewährleistet. In Tests zeigte sich, dass die Genauigkeit der Schätzergebnisse von der Länge der gefahrenen Strecke und der Geschwindigkeit abhängt. Im Mittel lagen die Winkelabweichungen, vom realen zum Schätzwert, bei unter einem Grad.

Anwendung eines Smoothers Zur weiteren Verbesserung der berechneten Navigationslösung werden Kalman Smoother einsetzen. Der Grundgedanke eines Kalman Smoothers ist es, dass für die Berechnung des aktuellen Schätzwertes auch Messwerte aus zukünftigen Zeitpunkten zur Verfügung stehen. Die größten Verbesserungen werden daher bei einem GPS-Ausfall erreicht. Vorteilhaft sind Smoother auch bei Smartphones, da die Positions- und Geschwindigkeitswerte nur in Abständen von einer Sekunde geliefert werden. In dieser Arbeit findet ein Rauch-Tung-Striebel Smoother (RTS) Anwendung. Bei dem RTS-Smoother handelt es sich um einen Vorwärts-Rückwärts-Kalman Smoother, der nach Beenden der Aufzeichnung rückwärts über die Daten filtert. Ebenso könnte auch ein Fixed-Lag Smoother verwendet werden, der schon während der Aufzeichnung läuft.

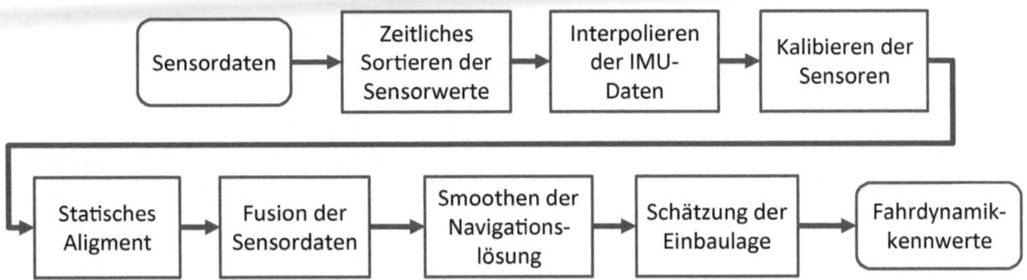

Abb. 4.7 Prozessschritte zur Datenaufbereitung in zeitlicher Reihenfolge

Tab. 4.2 Kennwerte des RT3003 Messsystems der Firma Oxts. (Doherty et al. 2001)

Position	Geschwindig-keit	Gieren	Nicken/Wanken	Beschleuni-gung	Drehrate
0,02 m	0,05 km/h	0,1 Grad	0,03 Grad	0,01 m/s^2	0,01 Grad/s

Implementierung und Test des Algorithmus Die größte Herausforderung bei der Implementierung der beschriebenen Algorithmen stellte die nicht vorhandene Echtzeitfähigkeit des Smartphonebetriebssystems dar. Die Zeitstempel der Positionsmessungen sind in iOS und Android absolut, die der Beschleunigungs-, Gyroskop- und Magnetometermessungen erfolgen relativ seit Betriebssystemstart. Um eine gleiche Zeitbasis zu bekommen, reichte es nicht aus, den Zeitpunkt des Betriebssystemstarts auf die relativen Zeitstempel aufzuaddieren. Es musste zusätzlich der Filter um einen Zustand erweitert werden, um den Zeitoffset zu schätzen. Die Messwerte der Sensoren werden oftmals nicht in zeitlicher Reihenfolge geliefert. Eine Sortierung der Werte ist daher nötig. Die Startorientierung des Navigationsfilters wird mit statischen Alignment anhand des Erdbeschleunigungsvektors und des Magnetometervektors durchgeführt. Abbildung 4.7 veranschaulicht die nötigen Schritte zur Fusion der Sensordaten in chronologischer Reihenfolge.

In einer Testfahrt wurde die Performance der vorgestellten Filter bewertet. Zur Aufzeichnung von Sensordaten eines Smartphones wurde ein Apple iPhone 5 verwendet. Um Referenzwerte zur Genauigkeitsbewertung zu schaffen, wurde im Testfahrzeug das GPS gestützte, intertiales Messsystem RT3003 der Firma OXTS verbaut. In Tab. 4.2 sind die Genauigkeitsangaben des Herstellers für diese Messeinrichtung angegeben.

In der Abb. 4.8 ist die Route der Testfahrt hevorgehoben. Die Strecke besteht aus engen Kurven bei Kreisverkehren und Abbiegungen, aber auch aus langgezogenen Kurven und gerade Strecken. Ein Teil der Strecke befindet sich im städtischen Gebiet. Der Start- und Endpunkt der Route ist im Bild rechts oben markiert.

Im Folgenden sind die Ergebnisse dieser Testfahrt dargestellt. Zur Genauigkeitsbewertung findet ein Vergleich mit den Messergebnissen des RT3003 statt. Diese Messwerte werden als ideal angenommen. Abbildung 4.9 zeigt die horizontalen Positionsfehler des Navigationsfilters mit und ohne zusätzlichen Smoother. Die Abweichung mit eingesetztem Smoother betragen im Mittel 0,53 m mit einer Standardabweichung von 0,37 m. Der maximale Positionsfehler während der gesamten Testfahrt beträgt 1,76 m.

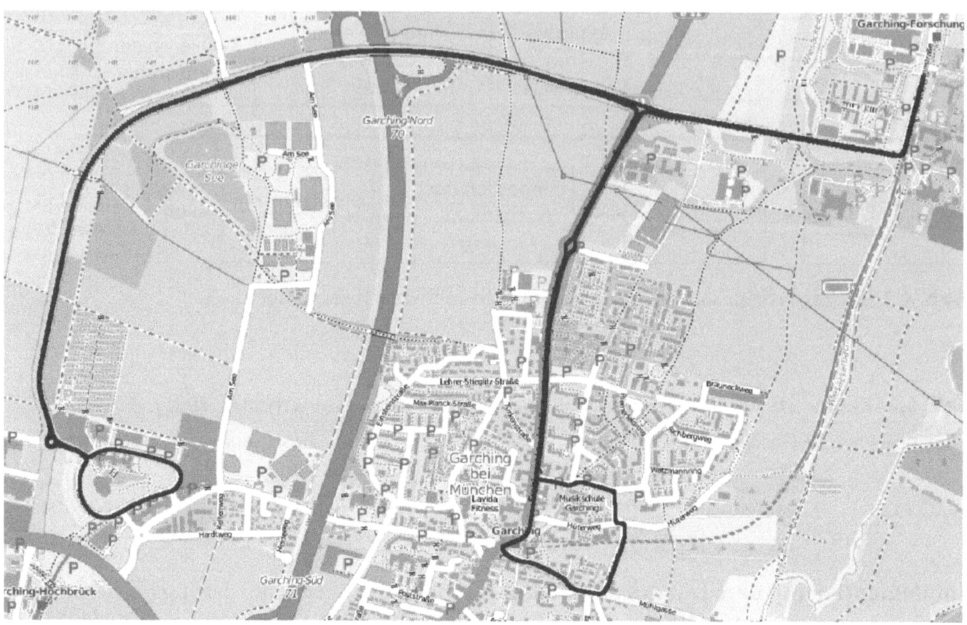

Abb. 4.8 Route der Testfahrt, Urheberrechte: OpenStreetMap.org

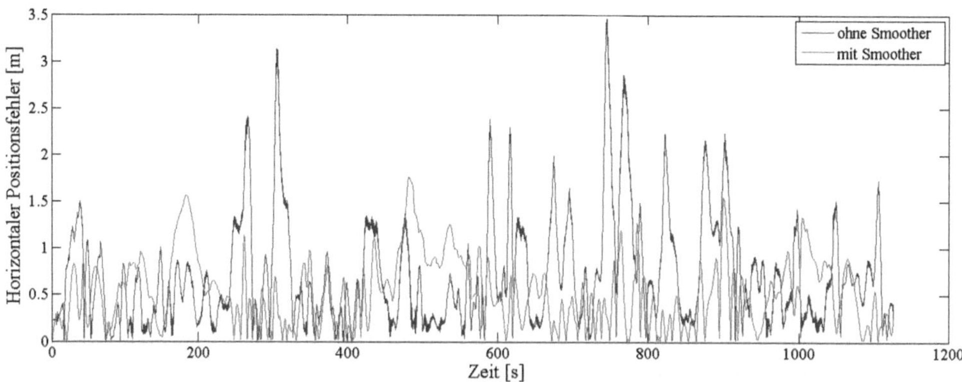

Abb. 4.9 Horizontale Positionsfehler während der Testfahrt

In Abb. 4.10 sind die horizontalen Geschwindigkeitsfehler ebenfalls mit und ohne Smoother dargestellt. Die Abweichungen bei Verwendung des Smoothers betragen hierbei im Mittel 0,11 m/s mit einer Standardabweichung von 0,10 m/s. Der Maximalwert beträgt 0,75 m/s.

Die Schätzergebnisse der Orientierungswinkel, welche durch die Umrechnung in das Fahrzeugkoordinatensystem dem Roll-, Nick- und Wankwinkel des Fahrzeugs entsprechen, sind in Abb. 4.11 dargestellt. Im Mittel betragen die Abweichungen bei Roll-, Nick-

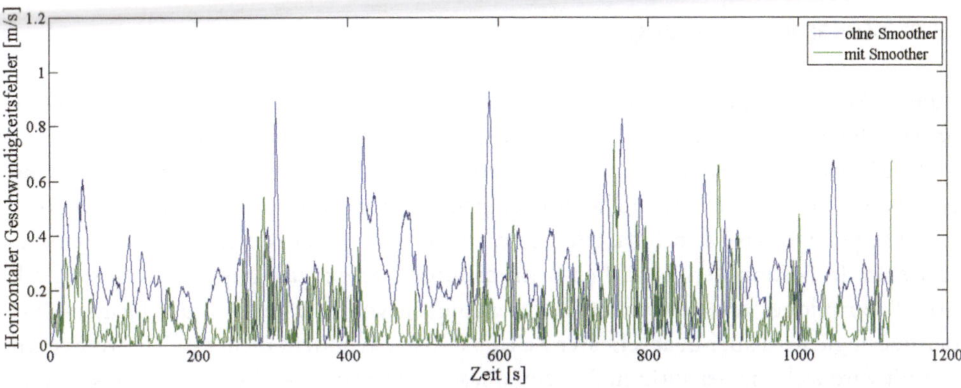

Abb. 4.10 Horizontale Geschwindigkeitsfehler während der Testfahrt

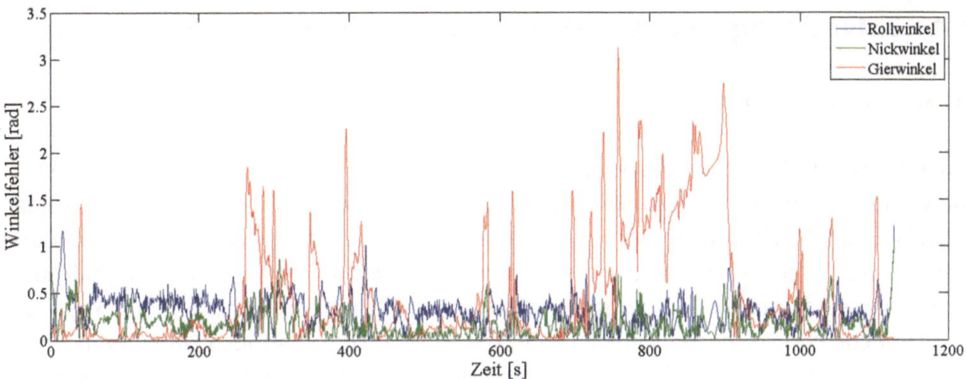

Abb. 4.11 Orientierungsfehler während der Testfahrt

und Wankwinkel 0,31, 0,17 und 0,48 rad. Die Standardabweichungen liegen bei 0,16, 0,13 und 0,60 rad.

Die erzielten Ergebnisse liegen in einem für grundlegende Fahrdynamikmessungen akzeptablen Bereich. Die Genauigkeit der Positionsmessungen konnte, im Vergleich zur ausschließlichen Verwendung des GPS, im Mittel um 30 % erhöht werden. Die Verbesserung bei Geschwindigkeitsmessungen betrug im Mittel 10 %, im Vergleich zur den Geschwindigkeitsberechnungen aus dem GPS-Sensor. Als neue Messwerte konnten, die für Fahrdynamikmessungen wichtigen Gier-, Nick- und Wankwinkel geschätzt werden. Beschleunigungs- und Drehgeschwindigkeitsmessungen können anhand der berechneten Sensorfehler um diese korrigiert werden. Die Frequenz mit der Positions- und Geschwindigkeitsdaten vorliegen, steigerte sich von 1 auf 100 Hz. Diese Ergebnisse belegen die Eignung von Smartphones für dieses Anwendungsgebiet.

4.3.4 Zusammenfassung

In dieser Arbeit konnte die Eignung von Smartphones als Messgerät für die Aufzeichnung von Fahrdynamikdaten demonstriert werden. Die vorgestellten Fusionsfilter verbesserten die Messwerte der Smartphonesensorik entscheidend. Die Plattform zur Speicherung und Analyse der Sensordaten stellte ihre Tauglichkeit bei Flottenversuchen unter Beweis. Es wurde gezeigt, dass sich Smartphones für Fahrdynamikmessungen durchaus einsetzen lassen. In bestimmten Bereichen kann dadurch hochpräzise und teure Messtechnik durch Smartphones ersetzt werden. Die Genauigkeit von Messtechnik der Firmen Oxts oder Racelogic wird aber in absehbarer Zeit, aus Kostengründen, nicht erreicht werden. In Zukunft wird sich die Sensorik in Smartphones verbessern, womit eine Genauigkeitsverbesserung der Filterergebnisse einhergeht. Potenzial hat das System auch für Smartphone basierte Fahrerassistenzsysteme.

4.4 Entwicklung eines Smartphone basierten Tracking-Tools

Heike Twele und Dirk Stürzekarn

Smartphones sind im Alltag der Menschen angekommen. Durch die mobile Internetanbindung und die eingebauten Ortungstechnologien zählen Anwendungen aus den Bereichen Reise/Verkehr/Navigation, insbesondere intermodale Auskunftssysteme zu den besonders stark nachgefragten Apps. Im Rahmen des vom Bundesministerium für Wirtschaft und Technologie geförderten Forschungsprojektes „cairo – context aware intermodal routing" wurden neue Formen der Weitergabe kontextbezogener Informationen zum Öffentlichen Verkehr und zu multimodalen Angeboten entwickelt und im Hinblick auf ihre Nutzerfreundlichkeit bewertet. Eine Hypothese, die im Rahmen des Vorhabens aufgestellt wurde, war, dass durch derartige Apps Änderungen im Verkehrsverhalten der Nutzer erzielt werden können und insbesondere, dass durch die weitergegebenen Informationen eine Verlagerung von Wegen zum Umweltverbund und zu einer stärkeren Nutzung intermodaler Angebote erfolgen kann. Um derartige Veränderungen nachweisen zu können, sind die Wege der Testnutzer über einen bestimmten Untersuchungszeitraum, ggf. innerhalb verschiedener Nutzungszeitfenster (z. B. zu Beginn der Nutzung und nach einer gewissen Eingewöhnungsphase) möglichst genau zu erfassen.

Derartige Erhebungen erfolgen derzeit üblicherweise in Form sogenannter Wegetagebücher, in denen die Versuchsperson retrospektiv alle Wege eines Zeitraums (Tag, Woche) einschließlich Zeiten, Verkehrsmittel und Wegezwecken erfasst. Diese Erfassung stellt für die Probanden einen hohen zeitlichen Aufwand dar. Zudem besteht die Tendenz, kürzere „Zwischenwege" (z. B. den Einkauf auf dem Heimweg von der Arbeit) zu vergessen. Daher bestand eine Aufgabe im Rahmen von cairo darin, ein Tool zu entwickeln, das in die cairo-Applikation eingebettet wurde und mit dessen Hilfe die Wegeerfassung automatisch erfolgen konnte.

Als technische Grundlage für das Tool wurden Smartphones mit dem von Google entwickelten Betriebssystem Android gewählt. Die Entscheidung für diese Plattform als Prototyp erfolgte auf Grundlage mehrerer Kriterien. Neben der Verbreitung von Android im Consumer-Bereich waren auch die technischen Voraussetzungen ein Ausschlag gebendes Argument. Die Programmierschnittstellen des Systems lassen weitaus weitreichendere Zugriffsmöglichkeiten auf die Ortungsfunktionalitäten zu als dies bei anderen Smartphone-Plattformen wie iOS oder Windows Phone der Fall ist. Beide letztgenannten Plattformen ermöglichen keine freie Steuerung der Datenerfassung und bieten dem Entwickler nicht die Möglichkeit, Applikationen zu entwickeln, die im Hintergrund aktiv bleiben.

Ein wesentlicher Aspekt bei der Entwicklung des Tracking-Tools für Android war die Nutzerfreundlichkeit. Da für die Erfassung die Smartphones der Probanden verwendet werden, ergibt sich als grundlegende Anforderung an das Tool, dass die normale Nutzung des Geräts nicht wesentlich eingeschränkt werden darf. Aus diesem Grund muss beachtet werden, dass die Anwendung möglichst autonom im Hintergrund arbeitet, ohne dass der Benutzer interagieren muss. Ein Hauptaugenmerk liegt daher auf größtmöglicher Automatisierung sowohl im eigentlichen Client als auch bei der Datenaufbereitung.

Das Tracking-Tool benötigt daher nur minimale Eingaben von Benutzerseite. Beim ersten Start muss der Proband eine Benutzerkennung eingegeben, über die seine gesammelten Daten pseudonymisiert erfasst werden können. Die Kennung ist vom Benutzer frei wählbar, gewünschte Generierungsalgorithmen können als Hilfe bereitgestellt werden. Ein Rückschluss auf einen konkreten Nutzer ist durch die Pseudonymisierung nicht möglich, so dass die Belange des Datenschutzes gewahrt bleiben. Nach der Eingabe muss der Proband nur noch einmal manuell die Trackingfunktion aktivieren, mehr Aktivität ist vom Nutzer nicht notwendigerweise gefordert. Die erhobenen Trackingdaten werden zunächst auf dem Endgerät gesammelt und typischerweise einmal pro Tag an ein Hintergrundsystem übertragen, das die Speicherung und Auswertung der erhobenen Daten ermöglicht.

Verschiedene Einstellungen das Tracking betreffend können geändert werden, um die Effektivität zu steuern. Hierzu gehören der zeitliche Maximalabstand zwischen zwei Positionsbestimmungen und der Zeitpunkt, zu dem die Daten an den Server zum Postprocessing übertragen werden. Über weitere Dialoge kann der Benutzer aus der Anwendung heraus einstellen, welche Ortungstechniken genutzt werden sollen. Des Weiteren kann er in einer Karte bestimmte Orte markieren und mit Namen versehen (z. B. „Wohnung", „Arbeit", „Schule"), so dass ermittelte Positionen in der Nähe dieser Markierungen dem entsprechenden Namen zugeordnet werden können. Auf diese Weise wird die spätere Zuordnung von Wegezwecken deutlich erleichtert, sowohl für den Testnutzer bei einer manuellen nachträglichen Zuordnung als auch ggf. zur Entwicklung eines automatisierten Verfahrens. Alle diese Einstellungen sind optional, so dass es nicht zwingend erforderlich ist, im laufenden Betrieb Anpassungen vorzunehmen. Sie dienen lediglich dazu, die Erfassung zu erleichtern.

Als technische Hauptherausforderung muss die maximal mögliche Laufzeit des Smartphones gesehen werden, die durch die Akku-Kapazität begrenzt ist. Das Tracking-Tool darf dabei keinen entscheidend negativen Einfluss auf die Gerätelaufzeit haben, um nicht die Hauptaufgaben des Gerätes zu behindern. Ziel muss daher sein, zwischen möglichst hoher Genauigkeit bei den erfassten Daten und möglichst geringem Energieverbrauch einen passenden Kompromiss zu finden. Aus Nutzersicht ist dabei anzustreben, dass durch die Aktivierung des Trackers keine Verkürzung der maximalen Akkulaufzeit bei ansonstigem „Leerlauf" auf unter 10–12 h erfolgt.

Die durchgängige Nutzung von Ortungsfunktionen kann hierbei einen sehr stark negativen Effekt haben, da der Energieverbrauch der genutzten Bauteile sehr hoch ist. Insbesondere GPS-Chips, wie sie in modernen Smartphones verbaut sind, verbrauchen bei Dauernutzung einen Großteil der vorhandenen Energie. Zudem greifen viele Geräte zur Verbesserung der Ortungsgenauigkeit im Assisted-GPS-Verfahren auf Zusatzinformationen zurück. Diese werden über eine Datenverbindung aus anderen Quellen bezogen, was ebenfalls den Energieverbrauch erhöht. Daher lag auf der Reduzierung des Energieverbrauchs im Projekt ein besonderes Augenmerk. Im Zuge der Entwicklung wurden zu diesem Zweck Heuristiken erarbeitet, um die Akkulaufzeit durch eine gezielte Steuerung der Ortungsfunktion zu verlängern. Insbesondere sollte das Tracking an die Bewegung des Gerätes gekoppelt werden, um im Ruhezustand den Energieverbrauch zu minimieren.

In einem ersten Schritt wurde dazu die Frequenz der Positionsbestimmungen direkt von der Geschwindigkeit des Gerätes abhängig gemacht. Während das Tool bei Stillstand in einem festen, niedrigen Takt neue Positionen ermittelt, wird die Frequenz beim Erkennen von Bewegung mit zunehmender Geschwindigkeit immer weiter erhöht, um eine ausreichend dichte Folge von Messpunkten zu erfassen. Das Hauptproblem in diesem Ansatz besteht darin, dass eine Bewegung auf diese Weise immer erst verzögert wahrgenommen wird. Das kann dazu führen, dass zum einen sehr kurze Wege nicht erfasst werden, weil diese zwischen zwei Positionserfassungen stattfinden, zum anderen kann im Anfangsabschnitt einer Bewegung auch zwischen zwei erfassten Punkten eine so große Distanz liegen, dass keine Rückschlüsse auf den Streckenverlauf oder das Verkehrsmittel mehr möglich sind. Aus diesem Grund wird im Tracking-Tool zusätzlich der Beschleunigungssensor des Smartphones ausgewertet, um eine Bewegungsaufnahme mit möglichst geringer zeitlicher Verzögerung erkennen zu können. Dieser liefert kontinuierlich Daten über die auf das Gerät wirkende Beschleunigung bezogen auf alle Achsen im Raum. Diese Daten werden ausgewertet und bei einer über mehrere Sekunden anhaltenden Änderung der Beschleunigung wird die Positionsbestimmung außer der Reihe aktiviert. So kann umgehend erkannt werden, wenn sich der ermittelte Ort ändert und der Weg wird im besten Fall bereits ab seinem Ausgangsort erfasst.

Einen wesentlichen Beitrag zur Energieeinsparung kann auch die Wahl der Ortungstechnik liefern. Insbesondere die genaue GPS-Ortung benötigt viel Energie, während eine Positionsermittlung über Mobilfunkmasten oder WLAN-Netzwerke deutlich günstiger ist. Hierbei ist allerdings zu beachten, dass gerade die Ortung über Mobilfunknetze starke Ungenauigkeiten aufweist. Deshalb muss immer abgewogen werden, ob die Güte einer Messung per Netzwerk ausreicht, um eine GPS-Position zu ersetzen.

Die Qualität der erhobenen Tracking-Daten ist stark von der Ortungsgenauigkeit des Smartphones abhängig. Hier kommt eine Reihe von externen, durch das Tracking-Tool nicht beeinflussbaren Faktoren zum Tragen. So ist die GPS-Ortungsgenauigkeit auf diesen Geräten grundsätzlich weniger hoch ist als beispielsweise auf dezidierten GPS-Empfängern. Auf letzteren kann ein wesentlich höherer Aufwand für die Entschlüsselung und Verarbeitung des GPS-Signals getrieben werden, was sich in einer Verbesserung der Verfügbarkeit und einer Erhöhung der Genauigkeit niederschlägt. Auf der anderen Seite verfügen die GPS-Module heutiger Smartphones meist über eine so geringe Erfassungsleistung, dass sie schon bei geringer Abschirmung keine Satelliten-Signale mehr empfangen können und die Positionsermittlung vollständig über Netzwerkortung erfolgen muss.

Ein Aspekt, der besonders bei der Nutzung von Mobilfunk- und WLAN-Ortung zum Tragen kommt, ist, dass diese anhand von Datenbanken erfolgt, in denen die Standorte der einzelnen Netzwerke und ihrer zugehörigen Gerätekennungen erfasst sind. Werden diese Daten nicht permanent gepflegt, resultiert dies in Messfehlern, wenn zum Beispiel ein WLAN-Router an einen anderen Standort versetzt wird.

Hinzu kommt, dass detaillierte Informationen zu einer durch das Gerät durchgeführten Positionsbestimmung auf dem Smartphone nur begrenzt zugänglich sind. Ein direkter Zugriff auf die Sensordaten ist bei den derzeit aktuellen Betriebssystemen nicht möglich. Der Zugriff erfolgt über ein Application Programming Interface (API), das durch das Betriebssystem zur Verfügung gestellt wird. Diese liefert die angefragten Positionsinformationen in der Regel in einer Form, bei der die Daten aller vorhandenen Module bereits aggregiert wurden und in einem festen Datenformat. Insbesondere erhält man nur noch sehr grobe Informationen über die Güte der Messung, die üblicherweise als Genauigkeit in Metern angegeben wird.

Um die erfassten Tracks auswerten zu können, wird zu jeder Positionsermittlung eine feste Datenmenge gespeichert. Neben der geographischen Länge und Breite und Datum sowie Uhrzeit wird immer auch die Genauigkeit der Messung erfasst. Im Fall von GPS-Messungen wird außerdem die ermittelte Geschwindigkeit gespeichert, während Netzwerkmessungen(WLAN oder GSM/UMTS) diese Information nicht enthalten. Aus diesem Grund wird jeder Messung auch eine Quelle zugeordnet (GPS oder Netzwerk). Hat der Benutzer spezifische Orte markiert (s. o.), wird außerdem überprüft, ob sich die gemessene Position in einem Umkreis von 50 m um einen oder mehrere dieser Orte befindet und diese Information ergänzt.

Die so insgesamt anfallende Datenmenge ist relativ gering und beträgt pro Tag etwa 300 Kilobyte. Um nicht durch unvermeidlichen Verbindungs-Overhead bei der Übertragung der Daten an den Server unnötiges Datenaufkommen zu erzeugen, werden die Positionen über 24 h gesammelt und erst dann zur Weiterverarbeitung an den Server übertragen.

Verknüpfung mit Back-End Daten Die durch das Tracking-Tool erhobenen und übertragenen Daten müssen einem Post-Processing unterzogen werden, um aus den Rohdaten einzelne Wege zu extrahieren, diese mit Wegezwecken und Verkehrsmitteln zu verknüpfen und gegebenenfalls nachbearbeiten zu können.

Als erster Schritt muss durch die Ermittlung von Ruhephasen und Änderungen im Bewegungsverhalten (z. B. anhand von Geschwindigkeitsprofilen) der Gesamttrack eines Tages in die einzelnen Wegeabschnitte unterteilt werden. Diese müssen im nächsten Schritt konkreten Verkehrsmitteln zugeordnet werden. Derzeit erfolgt dieser Schritt mit Hilfe eines webbasierten Tools durch den Nutzer selbst. In einem Folgeschritt soll jedoch die Verkehrsmittelerkennung automatisiert werden.

Zu diesem Zweck ist der Einsatz verschiedener Verfahren denkbar. So können die Wegeabschnitte mit dem bekannten Wegenetz der verschiedenen Verkehrsträger abgeglichen werden. Sind in einem Wegeabschnitt ÖV-Haltepunkte enthalten, kann zusätzlich ein Abgleich mit Fahrplan- und ggf. auch archivierten Echtzeitdaten erfolgen. Eine weitere Möglichkeit, die Benutzung bestimmter Verkehrsmittel zu erkennen oder auszuschließen, ist die Berücksichtigung von Durchschnittsgeschwindigkeiten oder auch der bei GPS-Messungen ermittelten aktuellen Geschwindigkeiten.

Als Basis für die Ermittlung von ÖV-Wegen kann die logische ÖV-Ortung „Match me" verwendet werden, die im Rahmen von cairo entwickelte wurde. Dabei werden vom Endgerät sukzessive Ortungen durchgeführt. Diese werden zu einem Track zusammengeführt und an einen entsprechend konfigurierten Fahrplanauskunftsserver übermittelt. Dieser bestimmt dann unter Einbeziehung der Fahrplan- und verfügbaren Echtzeitdaten diejenigen Fahrten, die sich in einem bestimmten Umkreis um die übermittelten Positionen befinden und deren Streckenverläufe zu den erhobenen Ortungsfolgen passen. Da das „Match me"-Verfahren allerdings dafür entwickelt wurde, auch bei ungenauen Positions- und Fahrtverlaufsdaten noch eine Zuordnung zu ermöglichen, ist dort stets eine Nutzerinteraktion vorgesehen: Das System schlägt eine Menge passender Fahrten einschließlich einer Bewertung der Passgenauigkeit vor, aus denen der Benutzer dann seine Fahrt auswählen kann.

Kann in einem gespeicherten Track ein Weg erkannt werden, der zwischen zwei durch den Nutzer vordefinierten Zielen verläuft, kann aus dieser Information teilweise automatisiert ein Wegezweck abgeleitet werden, beispielsweise beim Erkennen der Strecke „Wohnung" → „Arbeit". Die genauen Wegezwecke werden allerdings vorwiegend manuell von der Testperson nachgetragen werden müssen – insbesondere um ggf. Informationen zu erhalten, ob es sich um einen Einzelweg oder um eine Wegekette mit kurzen Zwischenstopps handelt (z. B. Wohnung-Kindergarten-Arbeit, Wohnung-Einkaufen-Arbeit). Um eine solche Nachbearbeitung zu ermöglichen, ist eine geeignete Visualisierung der erhobenen Daten erforderlich. Dies kann zum Beispiel durch eine geeignete Tabellendarstellung oder die Visualisierung des Tracks auf einer Karte erfolgen.

Weiterentwicklungsmöglichkeiten Im Rahmen des Projektes cairo konnte zunächst nur die Basisfunktionalität des Smartphone-Trackers implementiert werden. Daher existiert ein deutliches Erweiterungspotential für die Zukunft. An erster Stelle sei hier die weitere Verbesserung der genutzten Tracking-Algorithmen genannt. Es ist davon auszugehen, dass sich mit einer weiteren Verbesserung der Bewegungserkennung und einer geschickten Kombination vorhandener Sensordaten sowohl die Güte der Messungen als auch die Energieeffizienz des Trackers deutlich steigern lassen. Damit wird es möglich, neben den Ergebnissen des Tools auch die Benutzerakzeptanz zu erhöhen. Des Weiteren ließen sich für das Tracking noch weitere Ortungsverfahren nutzen (ggf. auch unter Nutzung externer Ortungsmodule), die zum Beispiel auch die Erkennung von Wegen innerhalb von Gebäuden wie Bahnhöfen und U-Bahn-Haltestellen ermöglichen.

Weitere Energieeinsparungen werden durch ein noch besseres Ansteuern der energieintensiven Techniken wie der GPS-Ortung möglich. Diese Verbesserungen kommen dabei nicht nur dem Benutzer entgegen, auch für die nachträgliche Auswertung der Daten ist es günstig, wenn bei gesteigerter Akkulaufzeit und somit auch Nutzungsdauer längere Tracks aufgezeichnet werden können und so mehr Daten zur Verfügung stehen.

Die Positions- und Bewegungsermittlung bietet noch zahlreiche Ansätze zur Verbesserung. Die größte Herausforderung ist – wie bereits weiter oben erwähnt -, den Anfang eines neuen Weges möglichst schnell zu erkennen, um die Trackingfrequenz heraufsetzen zu können. Diese Erkennung von Bewegung mit Hilfe der Beschleunigungssensoren des Smartphones lässt sich durch geeignete Algorithmen noch deutlich verbessern. Insbesondere die Filterung der Daten auf Bewegungsmuster lässt hier noch Spielraum für Weiterentwicklungen. Ebenso können solcherart gefilterte Beschleunigungsdaten zusätzliche Rückschlüsse auf das genutzte Verkehrsmittel ermöglichen, indem die Aufzeichnungen mit üblichen Bewegungsmustern bei unterschiedlichen Fortbewegungsarten verglichen werden. Dabei muss allerdings immer abgewogen werden, ob die Mehraufwände bei Erfassung und Übertragung durch den erreichten Nutzen noch gerechtfertigt werden.

Eine andere Erweiterungsmöglichkeit ist die Verknüpfung der bisher verwendeten Ortungsverfahren mit weiteren Techniken zur Positionsbestimmung. Ein Beispiel ist hier die Möglichkeit, innerhalb von Gebäuden auf alternative Verfahren wie WLAN-Feldstärken-Messungen zuzugreifen. Auch eine Verknüpfung mit der Erfassung anderer Orientierungspunkte wäre denkbar, wenn der Proband sein Gerät an bekannten Orten registriert.

Weitere Einsatzfelder Der Nutzen des Tracking-Tools muss nicht allein auf die Erstellung von Wegetagebüchern in der Verkehrsforschung beschränkt bleiben. Insbesondere im Hinblick auf die Erkennung von ÖV-Anteilen innerhalb der erfassten Wegstrecken lassen sich noch andere Einsatzbereiche vorstellen.

So ließe sich im Bereich des E-Ticketings die Nutzung von Systemen auf Basis von manuellen CheckIns und CheckOuts vereinfachen. Ein Beispiel hierfür ist das im Fernverkehr der Deutschen Bahn flächendeckend eingeführte System „Touch & Travel", das in den letzten Jahren auf eine Reihe von Verkehrsunternehmen/Verkehrsverbünden ausgedehnt wurde. Dieses ist ein klassisches CheckIn/CheckOut-System: Der Nutzer muss sich vor jeder Fahrt an einem speziellen „Checkpoint" anmelden und an der Zielhaltestelle ebenso wieder abmelden. Durch eine Zusammenführung mit zwischenzeitlichen erhobenen Ortungsinformationen und Daten aus Fahrscheinkontrollen können so die durchgeführten Reisen rekonstruiert und auf Basis eines Bestpreissystems abgerechnet werden.

Ein wesentlicher Nachteil der Benutzerschnittstelle von CheckIn/CheckOut-Systemen ist das Vergessen des CheckOut-Vorganges am Ende einer Fahrt. Dies kann dadurch geschehen, dass der Kunde den CheckOut schlicht vergisst. Da das System jedoch noch nicht flächendeckend verfügbar ist, besteht eine weitere Fehlerquelle darin, dass auch dann ein CheckOut nicht mehr möglich ist, wenn der Kunde im Nachlauf zu einer Fernverkehrsfahrt ein lokales ÖPNV-System nutzt, in dem Touch & Travel noch nicht verfügbar ist und den CheckOut an der Zielhaltestelle durchführen möchte. In diesen Fällen ist stets eine Rücksprache mit dem Kunden erforderlich, um das tatsächliche zeitliche Ende der Fahrt und die Zielhaltestelle zu ermitteln.

Durch das im cairo-Tracker implementierte Verfahren ließe sich Touch & Travel zu einem reinen CheckIn-System mit automatisiertem CheckOut erweitern. Zu diesem Zweck müsste die in cairo entwickelte Erfassungstechnologie – ggf. in einer vereinfachten, energiesparenden Variante – in Touch & Travel integriert werden. Auf diese Weise ließe sich der tatsächliche Fahrweg sicherer ermitteln und Zeitpunkt und Ort des CheckOuts anhand von Bewegungsmustern ermitteln. Ein derartiger Anwendungsfall stellt allerdings hohe Anforderungen an die Qualität der erhobenen Daten. Zudem ist das Verfahren datenschutzrechtlich abzusichern, um dem Nutzer die Kontrolle über die erhobenen und an eine zentrale Instanz kommunizierten Daten zu erhalten und die unbefugte Erstellung umfassender Bewegungsprofile zu verhindern.

Ein weiterer Einsatzbereich für die gesammelten Daten ist die Verbesserung vorhandener Datenbasen. Als Beispiele seien hier die Verfeinerung vorhandener Landkartendaten oder die Verbesserung von Routen-Berechnungen sowohl für den öffentlichen als auch den Individualverkehr genannt. Auch im Bereich der Verkehrssteuerung können die gewonnenen Daten einen Mehrwert bieten, wenn über die Analyse von Benutzerströmen bessere Kapazitätsplanungen möglich werden.

Akzeptanz Die Akzeptanz des entwickelten Tools hängt entscheidend von der Sicherstellung des Datenschutzes und vom Energieverbrauch ab. Der Datenschutz für das Tracking-Tool in der Variante als Erhebungswerkzeug ist dadurch sichergestellt, dass die App mit integriertem Tracker nur an ausgewählte Probanden weitergegeben wird, die sich freiwillig für das Untersuchungspanel zur Verfügung stellen. Durch die Pseudonymisierung wird weiter sichergestellt, dass zwar die Tracks einer Person vollständig erhoben und zu einem Datensatz zusammengeführt werden können, dass jedoch eine Zuordnung zu einer konkreten Person nicht möglich ist. Zudem kann die Tracking-Funktionalität auf dem Endgerät zu jedem Zeitpunkt deaktiviert werden, um beispielsweise ein Erfassen als „sensibel" empfundener Wege zu verhindern.

Soll die Tracking-Funktionalität in weiteren Nutzungskontexten eingesetzt werden, ist im Sinne des Datenschutzes in jedem Fall zu gewährleisten, dass z. B. bei Auskunfts-Apps das Tracking aktiviert bzw. deaktiviert werden kann und dass dem Nutzer ersichtlich ist, in welchem Modus sich das System derzeit befindet. Das Vorhalten detaillierter Tracks auf Backend-Systemen muss pseudonymisiert erfolgen und auf das absolut notwendige Maß beschränkt werden. Als wesentlicher weiterer Aspekt für die Nutzerakzeptanz wurde bereits weiter oben der Energieverbrauch des Trackers angesprochen. Hier kann mit einer Akzeptanz – insbesondere in anderen Verwendungskontexten – nur gerechnet werden, wenn die Akkulaufzeit des Smartphones durch den Ortungs- und Bewegungserkennungsprozess nicht unter eine minimale Dauer von 10–12 h sinkt.

Fazit und Ausblick Im Rahmen des Projektes cairo konnte nachgewiesen werden, dass die Realisierung eines Smartphone-Trackers für die Erhebung von Wegetagebüchern grundsätzlich möglich ist. Ein entsprechendes Tool konnte prototypisch realisiert und in ersten Tests erprobt werden. In diesen Tests ergaben sich eine Reihe von offenen Fragen, die Gegenstand weiterer Forschung sein sollten. Diese umfassen die weitere Optimierung des Tools im Hinblick auf eine verbesserte Bewegungserkennung zur Erkennung des Anfangs von Wegen und den Energieverbrauch. Um die Erfassung von Wegetagebüchern weiter zu vereinfachen, sollte das Back-End-System geeignet ertüchtigt werden, um eine automatisierte Zuordnung der verwendeten Verkehrsmittel zu einzelnen Wegeabschnitten zu ermöglichen.

Ein weiterer wichtiger Aspekt ist die Übertragung der entwickelten Funktionalität auf weitere Anwendungszwecke. Als Einsatzzweck kommt hier unter anderem die Automatisierung von Nutzerinteraktionen im Bereich des elektronischen Ticketings in Betracht (automatischer CheckOut). Daneben sollte untersucht werden, ob die entwickelte Algorithmik zur logischen im Rahmen einer ÖV-Reisebegleitung einsetzbar ist.

Literatur

Bar-Shalom Y, Rong Li X, Kirubarajan T (2001) Estimation with Applications to Tracking and Navigation: Theory Algorithms and Software, John Wiley & Sons, Inc., 2001

Doherty S T, Noël N, Lee-Gosselin M, Sirois C, Ueno M (2001) Moving beyond observed outcomes: integrating Global Positioning Systems and interactive computer-based travel behaviour surveys. In: Transportation Research Board, National Research Council, Washington, D.C., S. 449–466

El-Sheimy N, How H, Niu X (2008) Analysis and Modeling of Inertial Sensors Using Allan Variance, IEEE Transactions on Instrumentation and Measurement, Vol. 57, No. 1, Januar 2008

Gebre-Egziabher D, Elkaim G H, Powell J D, Parkinson B W (2001) „A Non-Linear, Tow-Step Estimation Algorithm for Calibrating Solid-State Strapdown Magnetometers", in: Proceedings of the 8th International Conference on Integrated Navigation Systems, S. 200–209

Google (2013) Google Protocol Buffers, https://developers.google.com/protocol-buffers/ (Zugriff: 11.02.2013)

InvenSense Inc. (o. J.) Motion Tracking, http://www.invensense.com/mems/motiontracking.html, Zugriff: 11.02.2013

Madgwick S, Harrison A, and Vaidyanathan R (2011) Estimation of IMU and MARG orientation using a gradient descent algorithm, Int. Conference on Rehabilitation Robotics, Zürich, Juni 2011

Mahony R, Hamel T, Pflimlin J M (2008) Nonlinear Complementary Filters on the Special Orthogonal Group, IEEE Transactions on Automatic Control, Vol. 53, No. 5, Juni 2008

Shin E (2005) Estimation Techniques for Low-Cost Inertial Navigation, Dissertation, Department of Geomatics Engineering, University of Calgary, Calgary, Mai 2005

STMicroelectonics (o. J.) N. V., iNemo Engine, http://www.st.com/internet/com/press_release/p3145.jsp, Zugriff: 11.02.2013

STMicroelectronics (2009a) LIS331DLH MEMS digital output motion sensor, Datenblatt Beschleunigungssensor iPhone 5, Doc ID 15094 Rev 3, Juli 2009

STMicroelectronics (2009b) LIS331HH MEMS digital output motion sensor, Datenblatt Beschleunigungssensor iPhone 4, Doc ID 16366 Rev 1, Oktober 2009

STMicroelectronics (2010a) LIS3DH MEMS digital output motion sensor, Datenblatt Beschleunigungssensor Samsung S3, Doc ID 17530 Rev 1, Mai 2010

STMicroelectronics (2010b) L3G4200D MEMS motion sensor: three-axis digital output gyroscope, Datenblatt Gyrosensor iPhone 4, iPhone 5 und Samsung S3, Doc ID 17116 Rev 1, Februar 2010

Vasconcelos J F, Elkaim G, Silvestre C, Oliveira P, Cardeira B (2011) Strapdown Magnetometer Calibration: A Unified Geometric Formulation in Sensor Frame. American Institute of Aeronautics and Astronautics. IEEE Transactions on Aerospace and Electronic Systems, Vol. 47, Nr. 2 April 2011

Wendel J (2007) Integrierte Navigationssysteme: Sensordatenfusion, GPS und Inertiale Navigation, Oldenbourg Verlag München Wien, München, 2007

Yuksel Y (2011) Design and Analysis of Inertial Navigation Systems with Skew Redundant Inertial Sensors, Dissertation, Department of Geomatics Engineering, University of Calgary, Calgary, März 2011

Die Nutzersicht: Akzeptanzfaktoren und Integration ins Post-Processing

5

Helga Jonuschat, Michaela Zinke und Benno Bock

Zusammenfassung

Dieses Kapitel richtet den Blick auf den Nutzer. Hier stehen vor allem Datenschutzfragen und – eng damit verbunden – Fragen zur Akzeptanz im Vordergrund. Vielen Nutzern ist dabei die Brisanz des Themas nicht bewusst und so stimmen sie oft der Sammlung standortbezogener Daten zu, ohne sich klar zu machen, dass sie damit auch hochsensible personenbezogene Daten freigeben. Daher sollten die Vorgaben für Anbieter von standortbezogenen Diensten, wie eine deutlich erkennbare Anzeige von Lokalisierungsvorgängen oder einfache Möglichkeiten des Widerrufs, verschärft werden. Darüber hinaus kann die Akzeptanz wesentlich erhöht werden, wenn der Nutzer aktiv in das Postprozessing der Datenaufbereitung mit einbezogen wird und somit „Herr seiner Daten" bleibt.

5.1 Einleitung

Helga Jonuschat

Für Mobilitätsstudien hat der Schutz personenbezogener Daten oberste Priorität, denn wenn nicht gewährleistet werden kann, dass die eigenen Daten höchst sensibel behandelt

H. Jonuschat (✉) · B. Bock
InnoZ GmbH, Torgauer Str. 12–15, 10829 Berlin, Deutschland
E-Mail: Helga.jonuschat@innoz.de

B. Bock
E-Mail: Benno.bock@innoz.de

M. Zinke
Verbraucherzentrale Bundesverband e.V., Markgrafenstraße 66, 10969 Berlin, Deutschland
E-Mail: info@vzbv.de

M. Schelewsky et al. (Hrsg.), *Smartphones unterstützen die Mobilitätsforschung,*
DOI 10.1007/978-3-658-01848-1_5, © Springer Fachmedien Wiesbaden 2014

werden, lassen sich kaum Probanden finden, die ihre Alltagswege zum Nutzen der wissenschaft preis geben. Schon für herkömmliche Befragungen sind persönliche Daten wie der sozio-ökonomische Status, der Wohnort, Alter oder die Familienverhältnisse nötig, um Befragungsergebnisse sinnvoll interpretieren zu können. Die Verkehrsforschung ist dabei in besonderem Maße von sensiblen Daten abhängig, denn ohne die genaue Kenntnis z. B. von Aufenthaltsorten oder Wegezwecken können zentrale Forschungsfragen zum Mobilitätsverhalten nicht geklärt werden. So ist es z. B. bisher kaum möglich, einen genauen CO_2-Fußabdruck für das persönliche Verkehrsverhalten zu ermitteln, denn dafür bräuchte man nicht nur die täglich gefahrenen, kilometergenauen Strecken, sondern zusätzlich noch die hierfür genutzten Verkehrsmittel, beim Auto noch die Durchschnittsgeschwindigkeit etc. Für die strategische Stadt- bzw. Verkehrsplanung ist es zudem wichtig zu wissen, welchen Zweck die Person mit ihrer Fahrt verbindet, z. B. ob es sich um einen Arbeitsweg handelt oder Verwandte und Freunde besucht werden. Aus der Kombination von räumlichen und inhaltlichen Informationen lassen sich allerdings stets sehr genaue Persönlichkeitsprofile zusammenstellen, die leicht für kommerzielle Zwecke oder auch staatliche Überwachungssysteme missbraucht werden können.

Zinke (Abschn. 5.1) stellt dementsprechend in ihrem Kapitel die Tragweite der Datenschutzrisiken dar, die bei der Erhebung standortbezogener Daten entstehen. Viele Nutzer gehen bisher noch viel zu arglos mit standortbezogenen Diensten um, da ihnen in der Regel nicht klar ist, dass Geodaten fast immer auch personenbezogene Daten sind und eine Anonymisierung gerade im unternehmerischen Kontext meist nicht erfolgt. Die Nutzer müssen zwar laut Telekommunikations- bzw. -mediengesetz aktiv einer Nutzung ihrer Standortdaten zustimmen. Was die Verständlichkeit der Datenschutzbestimmungen angeht, sind jedoch gerade die Anbieter standortbezogener Dienste nicht gerade vorbildlich. Zinke fordert daher weitere Vorgaben für Anbieter von standortbezogenen Diensten wie eine deutlich erkennbare Anzeige von Lokalisierungsvorgängen oder einfache Möglichkeiten des Widerrufs.

Bock (Abschn. 5.2) richtet den Blick auf die Nutzerakzeptanz im Rahmen von Wegetracking-Studien. Dabei ist für das Forschungsdesign von Tracking-Studien zum einen zu beachten, dass die datensammelnde App oder der GPS-Logger anwenderfreundlich ist. Zudem sollte der Dienst auch einen Mehrwert für den Nutzer bieten, wie z. B. eine persönliche Wegestatistik. Zum anderen ist bei der Auswertung der Daten zu berücksichtigen, dass es in der Bevölkerung unterschiedliche Einstellungen in Bezug auf Technik und Datenschutz gibt, die die Ergebnisse deutlich verzerren können.

Beide Artikel legen somit wichtige Eckpfeiler der Diskussion um die Rolle des Nutzers fest, die ihre Standort-Daten für wissenschaftliche oder auch wirtschaftliche Zwecke zur Verfügung stellen sollen.

5.2   Harmlose Standortdaten? Verbraucherprobleme bei Location Based Services

Michaela Zinke

Mobile Alltagshelfer sind allgegenwärtig   37 % der Deutschen besitzen 2013 bereits ein Smartphone (Huawei/Initiative D21 2013, S. 6). Die vermehrte Nutzung der „mobilen Alleskönner" hat auch den standortbezogenen Diensten in den letzten Jahren zum Durchbruch verholfen. In Deutschland verwenden heute 31 % der Mobiltelefonnutzer solche Dienste (TNS Infrastest 2013). Das Prinzip ist einfach: Der Verbraucher aktiviert – bewusst oder unbewusst – einen Dienst auf seinem Endgerät, teilweise sind solche Dienste aber auch bereits standardmäßig aktiviert. Das Endgerät berechnet mit Hilfe verschiedener Techniken wie „GPS", „GSM/UMTS" oder „WLAN" die Position des Verbrauchers, die daraufhin an den Geodienst übertragen wird. In einigen, heute seltenen Fällen fragt der vom Nutzer aktivierte Dienst die Standortinformationen direkt beim Mobilfunkbetreiber ab. Der Dienst erkennt so, wo der Verbraucher sich gerade befindet, sei es im Supermarkt, im Café oder an der U-Bahnstation.

Ein solcher Dienst bietet dem Verbraucher die Möglichkeit, am jeweiligen Standort und in der jeweiligen Bedarfssituation die relevanten Informationen zur Entscheidungsfindung oder weitere standortbezogene Angebote zu erhalten. So vielfältig wie die Bedarfe, sind auch die angebotenen Dienste: Von Navigations- und Fahrplaninformationen, Verfügbarkeiten von Car- bzw. Bike-Sharing Fahrzeugen über Informationen zu Sehenswürdigkeiten und Öffnungszeiten, Angebote benachbarter Geschäfte, Immobilienangebote, Kino- und Theaterprogramme bis hin zu Dating-Diensten und Informationen über den Aufenthalt von Freunden in der Umgebung.

Die Anbieter solcher Dienste können zum einen die Betreiber der Mobilfunknetze sein, die – in der Vergangenheit, als GPS und WLAN noch nicht weit verbreitet waren sogar exklusiv – über die technische Infrastruktur zur Ortung verfügen. Weiterhin bieten Betreiber von alternativen Geolokation-Infrastrukturen (zum Beispiel Datenbanken mit WLAN-Zugangspunkten) und Hersteller von mobilen Endgeräten beziehungsweise den darauf installierten Betriebssystemen Geodienste an. In den letzten Jahren ist noch eine große Anzahl von Anbietern hinzugekommen, die sich auf die Bereitstellung von Location Based Services-Diensten und -Anwendungen (zum Beispiel zur Händlersuche oder Wettervorhersage) spezialisiert haben.

Geodaten bergen Datenschutzrisiken   Standortbezogene Dienste können den Alltag der Verbraucher erheblich erleichtern. Sie bergen aber auch Datenschutzrisiken. Die Artikel 29-Gruppe, ein unabhängiges Beratungsgremium der Europäischen Union in Datenschutzfragen, hat in einer Stellungnahme befunden, dass es sich bei Geodaten von Smartphonenutzern in der Regel um personenbezogene Daten handelt (Europäische Kommission 2011, S. 9). Ein Telefon ist meist an eine Person gebunden, das diese normalerweise dicht bei sich trägt und nur selten werden die Lokalisierungsdaten anonym übertragen. Der

Netzbetreiber kann in den meisten Fällen seinen Kunden ohnehin identifizieren und bei vielen Lokalisierungsdiensten ist eine vorherige Anmeldung notwendig. Darüber hinaus übertragen viele Anwendungen eine eindeutige Kennziffer des Endgeräts an den Dienstanbieter, wodurch eine Zuordnung zu einem bestimmten Nutzer möglich ist.

Unternehmen geben in der Regel an, die Standortdaten von Smartphones ihrer Kunden zu sammeln, um ihnen standortbezogene Produkte und Dienste anzubieten und diese zu verbessern. Hierzu speichern die Unternehmen neben den GPS-Koordinaten auch die Standorte von WLANs und Mobilfunkzellen, die sich in der Nähe des Verbrauchers befinden und die von den Endgeräten – teils auch ohne das Wissen der Verbraucher – auf die Server der Unternehmen übertragen werden.

In den Datenschutzbestimmungen von Google heißt es dazu beispielsweise: „Bei der Nutzung standortbezogener Google-Dienste erheben und verarbeiten wir möglicherweise Informationen über Ihren tatsächlichen Standort, wie zum Beispiel die von einem Mobilfunkgerät gesendeten GPS-Signale. Darüber hinaus verwenden wir zur Standortbestimmung verschiedene Technologien, wie zum Beispiel Sensordaten Ihres Geräts, die beispielsweise Informationen über nahegelegene WLAN-Zugänge oder Sendemasten enthalten können." (Google 2012). Was im Einzelnen mit diesen Informationen geschieht, ist nicht ersichtlich. Der Verbraucher erfährt nur folgendes: „Wir nutzen die im Rahmen unserer Dienste erhobenen Informationen zur Bereitstellung, zur Instandhaltung, zum Schutz sowie zur Verbesserung dieser Dienste, zur Entwicklung neuer Dienste und zum Schutz von Google und unseren Nutzern. Wir nutzen diese Informationen außerdem, um Ihnen maßgeschneiderte Inhalte anzubieten – beispielsweise um Ihnen relevantere Suchergebnisse und Werbung zur Verfügung zu stellen" (Google 2012).

Bewegungsprofile: Ich weiß, wo du gestern warst Aus den gewonnenen Lokalisierungsdaten können umfassende Bewegungsprofile erstellt werden, aus denen sich Rückschlüsse auf die Lebensgewohnheiten der Verbraucher ziehen lassen. Beispielsweise können die Unternehmen an den Daten erkennen, wo eine Person wohnt (Inaktivität in der Nacht), wo sie arbeitet (Aktivität am Tag) und in Verbindung mit den Geodaten anderer Personen mit wem sie befreundet ist. Mit Bewegungsdaten über zwei Wochen kann ein Bewegungsprofil aufgebaut werden, dass zu exakt 93 % die künftigen Wege vorhersagt. Nach Ansicht der Artikel 29-Gruppe können diese scheinbar harmlosen Daten teilweise äußerst sensibel sein, beispielsweise wenn sie Besuche im Krankenhaus oder an religiösen Orten aufzeigen oder die Anwesenheit bei politischen Demonstrationen oder an Orten, die Hinweise über das Sexualleben offenbaren (Europäische Kommission 2011, S. 10). Geodaten legen somit oftmals nicht nur Interessen, sondern auch konkrete Handlungen und Verhaltensweisen des Verbrauchers offen. Aus diesen Informationen können durch Unternehmen umfassende Persönlichkeitsprofile gebildet werden, die ein großes Datenschutzrisiko bergen.

Da viele standortbezogener Dienste vordergründig kostenlos erbracht werden, muss die Frage nach der Finanzierung gestellt werden. Diese erfolgt meist durch die Nutzung dieser Bewegungsprofile zur Erstellung und Zusendung von interessens-, verhaltens- und standortbezogener Werbung. Darüber hinaus können dem Verbraucher auf Basis seiner Profile individuelle Angebote gemacht werden, ohne dass er zum Beispiel erkennen kann, dass er auf Grund seiner starken Kaufkraft einen höheren Preis für einen Restaurantgutschein bezahlen muss als andere Gäste.

Vielen Verbrauchern ist dabei gar nicht bewusst, welche Informationen ein Diensteanbieter aus ihren Aktivitäten schlussfolgern kann. Besonders problematisch ist, dass viele nicht wissen und erkennen können, dass ihr Standort übermittelt wird und wer die Daten erhält. Darüber hinaus deaktivieren viele Verbraucher aus Unkenntnis oder Unachtsamkeit die Ortungsfunktionen ihres Endgeräts oder eines Dienstes nicht, auch wenn sie gerade keine Ortung benötigen. Technisch ist in diesem Fall eine ständige Überwachung ohne angemessene Information möglich. Die Risiken von Profilbildung sind also ständig vorhanden und entstehen nicht erst durch die bewusste Preisgabe von Informationen.

Schutz vor ungewollter Profilbildung ist möglich Ein wirksamer Schutz vor einer ungewollten oder heimlichen Profilerstellung ist die explizite Einwilligung in eine solche. Das Telekommunikationsgesetz, das nur für netzseitig erhobene und übermittelte Standortdaten gilt, erlaubt die Erhebung von Standortdaten, wenn die Daten anonymisiert werden oder der Verbraucher eingewilligt hat. Darüber hinaus muss die Verarbeitung der Daten auf das für die Bereitstellung der Dienste erforderliche Maß beschränkt werden. Viele Geodienste nutzen zwar Funkzellendaten, greifen aber dabei nur noch sehr selten auf Informationen zurück, die sie direkt vom Netzbetreiber erhalten. So konnte bis Anfang 2013 der Touch and Travel-Dienst der Deutschen Bahn AG nicht für E-Plus-Kunden angeboten werden,u. a. weil E-Plus im eigenen Netz Ortungsdienste unterbunden hatte (E-Plus 2011; Neuhetzki 2012). Sollen die Lokalisierungsdaten von den Netzbetreibern an die Geodienste übermittelt werden, ist eine explizite Einwilligung des Nutzers notwendig.

Werden die Geodaten nicht direkt durch den Netzbetreiber an die Geodienste übertragen, sondern durch den Nutzer selbst (bzw. seinem Endgerät), kommt das Telekommunikationsgesetz als rechtliche Grundlage nicht mehr in Betracht, sondern es gilt das Telemediengesetz. Demnach dürfen die Daten über die Nutzung nur soweit ohne Einwilligung erhoben werden, wie sie erforderlich sind, um die Inanspruchnahme des Dienstes zu gewährleisten und diesen abzurechnen. Dies wird bei der Verwendung eines Geodienstes regelmäßig der Fall sein, da für seine Nutzung natürlich auch die entsprechenden Geodaten notwendig sind. Außerdem darf der Diensteanbieter für Zwecke der Werbung, der Marktforschung oder zur bedarfsgerechten Gestaltung seiner Dienste Nutzungsprofile bei Verwendung von Pseudonymen erstellen, sofern der Nutzer dem nicht widerspricht.

Darüber hinaus dürfen Nutzungsdaten aber nur mit einer Einwilligung des Verbrauchers erhoben und verwendet werden. Sie kann elektronisch erfolgen, wobei sichergestellt werden soll, dass der Nutzer seine Einwilligung bewusst erteilt hat, diese protokolliert, jederzeit vom Nutzer abrufbar ist und widerrufen werden kann. Es ist aber nicht erforderlich, dass die Einwilligung gesondert gegeben wird. Das bedeutet, dass eine solche Einwilligung sich wie bei Google in den Allgemeinen Geschäftsbedingungen oder Datenschutzbestimmungen „verstecken" kann. Unabhängig davon muss der Diensteanbieter zu Beginn des Nutzungsvorganges über Art, Umfang und Zwecke der Erhebung und Verwendung der Daten unterrichten.

Die betroffenen Personen haben das Recht auf Auskunft über die vom Diensteanbieter gespeicherten Daten zu ihrer Person. Dazu zählen auch die Herkunft dieser Daten, die Empfänger oder die Kategorien von Empfängern, an die Daten weitergegeben werden sowie der Zweck der Speicherung. Außerdem können die Nutzer die Löschung der Daten verlangen bzw. ihre weitere Verwendung untersagen (Sperrung).

Auch der europäische Gesetzgeber hat das Gefahrenpotenzial der Profilbildung erkannt und in einem aktuell diskutierten Entwurf einer Europäischen Datenschutz-Grundverordnung Regelungen dazu aufgestellt. Derzeit erfasst die Vorschrift aber nur Maßnahmen, die auf der Profilbildung basieren, nicht aber die Profilbildung selbst. Da aber schon die reine Bildung eines Profils in die Rechte der Verbraucher eingreift, sollte auch sie reglementiert werden.

Die Zukunft liegt in der Auswertung von Geodaten Die Techniken zur Positionsbestimmung werden sich voraussichtlich in den nächsten Jahren stetig verbessern, d. h. noch exakter und schneller verfügbar sein. Insbesondere wird eine Verbesserung durch eine zusätzliche Einbindung von Sensoren wie Kreiselinstrumente, Beschleunigungssensoren, Schrittzähler und Höhenmesser angestrebt (Mims 2012). Damit kann die Ortsbestimmung zunehmend dreidimensional vorgenommen werden, so dass beispielsweise auch das jeweilige Stockwerk, in dem sich ein Nutzer gerade befindet, ermittelt werden kann. Damit wird die Lokalisierung und Navigation innerhalb von großen öffentlichen Gebäuden wie Flughäfen, Einkaufszentren, Universitäten, Behörden usw. möglich sein.

Insgesamt wird die Geo-Lokalisierung für Marketingzwecke der Unternehmen immer wichtiger werden, da sich mit solchen detaillierten Kundenprofilen viel Geld verdienen lässt. Die Anbieter von Produkten oder Dienstleistungen werden verstärkt daran arbeiten, den Nutzern in der jeweiligen Situation ein möglichst auf seine individuellen Vorlieben angepasstes Angebot zu unterbreiten. Außer dem aktuellen Aufenthaltsort wird in Zukunft auch „die Ortsveränderung, die zurückgelegte Strecke, die Fortbewegungsgeschwindigkeit, der Fortbewegungsmodus usw. analysiert und für eine möglichst hohe Nutzerorientierung herangezogen werden" (VZBV 2012, S. 31).

Hoher Verbraucherschutz für Geodaten-Dienste Die informationelle Selbstbestimmung der Verbraucher ist insgesamt durch diese schnelle technologische Entwicklung im Bereich der mobilen Endgeräte neuen Risiken ausgesetzt: der ungewollten Profilbildung. Zukünftig müssen die Datenschutzrechte der Verbraucher konsequent ins Zentrum der Ausgestaltung solcher Entwicklungen gestellt werden. Ausgangspunkt der Betrachtungen und Ausgestaltung des Datenschutzes ist zwingend das Individuum und sein Recht auf Souveränität über seine Daten. Um Verbraucher also wirksam vor einer ungewollten Profilbildung zu schützen, die auf Sammlung von Bewegungsdaten beruhen, sollte folgende Vorgaben für die Anbieter gesetzlich festgeschrieben werden:

- Per Grundeinstellung sollten Lokalisierungsdienste nicht aktiviert sein dürfen.
- Jeder Lokalisierungsvorgang sollte eindeutig auf dem Gerät angezeigt werden. Eine heimliche oder für den Nutzer nicht erkennbare automatische Datenerhebung muss ausgeschlossen werden.
- Eine Einwilligung zur Nutzung von Lokalisierungsdaten sollte nicht pauschal über die Allgemeinen Geschäftsbedingungen oder die Gerätekonfiguration eingeholt werden dürfen, sondern muss gesondert erfolgen.
- Eine Einwilligung muss sich auf einen konkreten Zweck beziehen, also z. B. auch konkret auf die Nutzung für verhaltensbezogene Werbung. Eine Nutzung über diesen Zweck hinaus bedarf einer erneuten Einwilligung.
- Eine Kopplung von Einwilligungen darf nicht möglich sein.
- Eine Einwilligung sollte auf einfache Weise und ohne negative Auswirkungen für den Nutzer widerrufen werden können.
- Die Verbraucherinformationen müssen klar, deutlich, einfach verständlich und leicht zugänglich sein, damit die Nutzer auch wirksam einwilligen können.
- Die Nutzer sollten ein Zugangsrecht zu den Profilen erhalten, die über sie gespeichert wurden. Sie sollten die Möglichkeit haben, diese zu aktualisieren, zu berichtigen oder zu löschen. Dazu müssen die Informationen in einem für Menschen lesbaren Format vorliegen. Der Zugang zu den Daten sollte sicher sein, aber ohne die Erfassung weiterer personenbezogener Daten realisiert werden.
- Sollten Daten unbedingt anonymisiert zur Verbesserung der Dienste benötigt werden, muss sichergestellt werden, dass der Nutzer nicht (indirekt) identifizierbar ist.

Nur mit diesen Vorgaben erhalten Verbraucher die Hoheit über ihre Daten zurück, so dass das in den letzten Jahren verlorene Vertrauen der Verbraucher in die digitale Wirtschaft zurück gewonnen werden kann. Bei Einhaltung eines effektiven Datenschutzes werden Verbraucher gerne und vertrauensvoll Lokalisierungsdienste nutzen.

5.3   Nutzerakzeptanz von Smartphone-Tracking

Benno Bock

5.3.1   Akzeptanzforschung ist wichtig für eine erfolgreiche Einführung von Smartphone-Tracking

Auch wenn die technische Umsetzung stark im Fokus der aktuellen Entwicklung eines Smartphone-Trackers liegt, dürfen „weiche" Faktoren nicht aus dem Blickfeld geraten. Denn ähnlich wichtig wie die Ortungsgenauigkeit für die Qualität der Daten ist die Akzeptanz der Bevölkerung für Studien, die mit digital erstellten Bewegungsprofilen erheblich in die Privatsphäre eingreifen. Nur mit einer hohen Akzeptanz können viele Teilnehmer aus allen Bevölkerungsgruppen erreicht werden, wie auch die Aufnahmequalität der Studienteilnehmer über einen längeren Erhebungszeitraum im ausreichenden Maße gewährleistet werden.

Bereits bei herkömmlichen Erhebungen wie Deutsche Mobilitätspanel (MOP), Mobilität in Städten (SrV) und Mobilität in Deutschland (MiD) treten diese Probleme auf. Verschiedene Analysen beschreiben die Selektivität dieser Erhebungen, also der Unterrepräsentanz bestimmter Bevölkerungsgruppen (Hunsicker et al. 2007). Resultierend ist ein Mehraufwand an Erhebungsorganisation. Die Umstellung auf digitale Helfer wird das Problem verschärfen. Unerwünschte Exklusionseffekte werden sich dadurch zunächst intensivieren, da die Marktdurchdringung mit Smartphones noch im vollen Gange ist. Wer heute Smartphone basierte Mobilitätserhebungen durchführen möchte, dem stellt sich die Frage, wie und wie stark sich das neuartige Medium Smartphone auf Teilnahmebereitschaft und Rücklaufquote auswirkt und welche Incentives sich bei fehlender Bereitschaft als effektiv erweisen. Hier werden die klassischen beiden Ebenen der Nutzerakzeptanz deutlich: Die Einstellungsakzeptanz, d. h. die Offenheit gegenüber Mobilitätserhebungen mit Smartphones, wirkt auf die Verhaltensakzeptanz, also die vollständige Teilnahme an der Erhebung (Davis 1989).

Bei der Erhebung von Bewegungsprofilen über Smartphone basierte Tracker ist davon auszugehen, dass die Einstellungs- und Verhaltensakzeptanz sich über das Zusammenspiel von Datenschutzsensibilität, Anwenderfreundlichkeit und Technikaffinität aber auch einem individuellem Mehrwert ergibt. Beim Smartphone-Tracking vermischt sich somit die Akzeptanz von einem IKT-basierten Dienst und der Smartphonenutzung mit der von einer Preisgabe der eigenen Privatsphäre. Und das für einen Zweck hinter dem nicht notwendigerweise gesellschaftlichen Interessen stehen müssen, sondern der auch zumal betriebliche Beweggründe haben kann, z. B. für private Verkehrsanbieter.

Es werden in diesem Beitrag genau diese Aspekte qualitativ mittels Nutzeraussagen beschreiben, ihre Wirkungsstärke eingestuft und eine Einschätzung, wie diese sich in den kommenden Jahren verändern könnten, gegeben. Als Teil größerer, zukünftiger Feldtests ist eine quantitative Bestimmung anzustreben, die eine bessere Aussage zu Korrelationen und Wirkungsstärken dieser auf die Teilnahmebereitschaft erlauben. Somit sollen später repräsentative Erhebungen durch eine zielgruppenspezifische Rekrutierung und Inzentivierung ermöglicht werden.

5.3.2 Techniktests eines prototypischen Trackers im cairo-Projekt

Das Forschungsprojekt „cairo" (context-aware intermodal routing) behandelte die Wechselwirkungen zwischen Technologiediffusion und Mobilitätsverhalten anhand der Einführung der gleichnamigen Mobilitäts-App. Die App kann als kontextsensitive und intermodale Erweiterung des DB Navigators aufgefasst werden und wurde in Kooperation mit den Praxispartnern (DB Rent GmbH und HaCon GmbH) über iterative Schleifen technisch optimiert und in mehreren Feldtests erprobt. Für die Frage der Nutzerakzeptanz ergab insbesondere die Vorabbefragung zum Feldtest im Sommer 2012 vielfältige Ergebnisse.

An der Befragung (T0 Befragung) haben insgesamt 301 Personen aus ganz Deutschland teilgenommen. Die Befragung wurde als CAWI (computer-assisted web interview), also als Online-Befragung, durchgeführt. Hinweise zu diesem Beitrag entstammen den Nutzerangaben, die bei der umfassenden Begleitforschung zum Smartphone basierten Mobilitätsdienst „cairo" gewonnen wurden.

Die Befragung zum Feldtest beinhaltete einstellungsbasierte Fragen, aus denen Skalen zur Teilnehmerbeschreibung gebildet wurden. Offene Fragen dienen zusätzlich zur qualitativen Validierung der einstellungsbasierten Fragen. Sie bieten die Möglichkeit, die einstellungsbasierten Hintergründe für das jeweilige Antwortverhalten auf die quantitativen Items näher zu ergründen. Als Auswertungsmethode wurde eine Auswertungsmethode in Anlehnung an die Inhaltsanalyse nach Mayring verwandt (Mayring 2007). Dabei wurde das Material in zwei iterativen Schleifen mittels einer QDA-Software (Qualitative Datenanalyse) verdichtet. Verschiedenen Themenblöcke, z. B. Datenschutzsensibilität, konnten so identifiziert und teilnehmerübergreifend verglichen werden.

Aus der deskriptiven Auswertung der CAWI-Ergebnisse ging hervor, dass die Nutzergruppe im Mittel an drei Tagen pro Woche mit dem ÖPNV unterwegs war. 40 % der Testnutzer gaben sogar eine tägliche Nutzung des ÖPNVs an. Zeitkarten waren bei den Befragten ebenfalls stark verbreitet. Auch eine vergleichsweise hohe Anzahl von BahnCard100-Besitzern hat sich am Feldtest beteiligt. Intermodales Mobilitätsverhalten haben nach eigenen Angaben neun aus zehn Teilnehmern verinnerlicht. Zwei Drittel der Befragten sind bei einem Carsharing-Unternehmen Mitglied, jeder Zweite beim Bikesharing. Das mobile Abrufen von Verbindungsinformationen ist im Teilnehmerkreis ebenfalls gängige Praxis. Jeder iPhone-Nutzer hatte den DB Navigator installiert.

Generell besaßen die Testnutzer eine hohe Technikaffinität. 99,3 % führten ihr Smartphone immer bei sich und 96,4 % haben es auch immer eingeschaltet. Die Technikbegeisterung ist unter den Antwortenden sehr hoch. Folglich müssen die hier Vorgestellten Ergebnisse im Kontext hoher Technikaffinität gestellt werden. Als Technikbegeisterte stellen sie gleichzeitig eine für die Mobilitätsforschung relevante Lead-User-Gruppe dar und sind möglicherweise Pioniere zukünftiger Nutzungsroutinen. Für die Weiterentwicklung des Mobilitätstrackings können aus diesem Grunde die Teilnehmeraussagen durchaus als Grundlage für die mittel- bis langfristige Akzeptanz der Durchschnittsbevölkerung genommen werden.

Schließlich erfolgte im Rahmen des Projekts ein technischer Funktionstest eines prototypischen Smartphonetrackers, welches die HaCon GmbH entwickelte. Für diese Techniktests wurde eine kleine Fallzahl von 20 Android-Usern akquiriert. Diese erklärten sich bereit, in kurzen Testschleifen von ca. drei Tagen ihre Ortsbewegungen erfassen zu lassen. Die Teilnehmer wurden gebeten, in einem Wegetagebuch entsprechend der Erhebung MiD zusätzlich ihre zurückgelegten Wege zu dokumentieren, um die Qualität der automatisierten Aufbereitung zu überprüfen. Im Nachgang der Tests wurden die Befragten zu technischen Schwierigkeiten, Besonderheiten und ihrer Akzeptanz zum Tool befragt. Die Ergebnisse dienen dazu, einen größeren Feldtest mit Smartphone-Trackern besser vorbereiten zu können und sollen im Folgenden dargestellt werden.

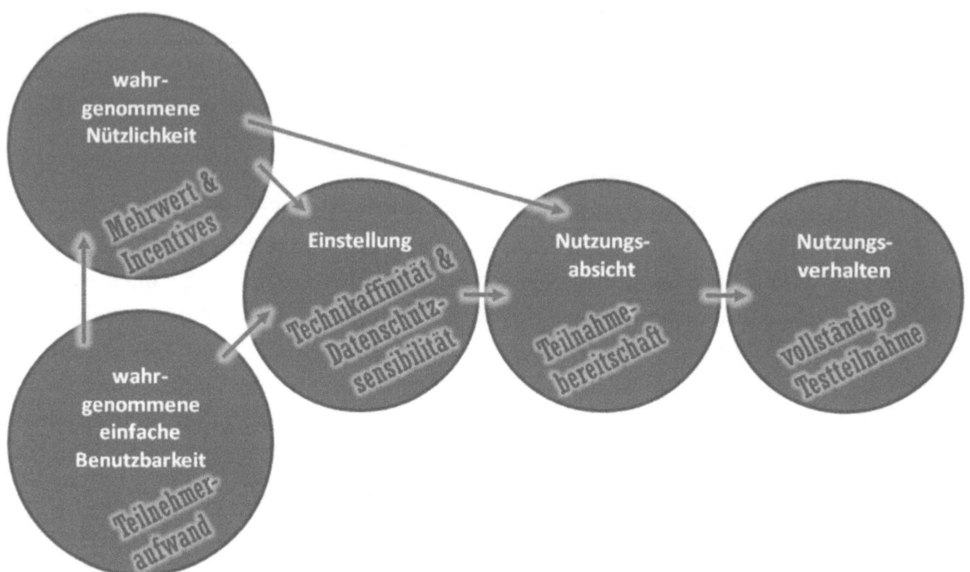

Abb. 5.1 Komponenten des Technology Acceptance Model (TAM) nach Davis 1989 für das Smartphone-Tracking

5.3.3 Akzeptanz von Smartphone-Tracking besteht aus drei Kernaspekten

Studien zu Dienstleistungen im IT-Sektor haben in der Vergangenheit das neben anderen Modellen das Technology Acceptance Model (TAM) herangezogen, um die Einflussfaktoren und deren Wechselwirkungen zu identifizieren (Königstorfer 2008, S. 25). Dabei unterscheidet sich dieser Fall zu bestehenden Studien durch den passiven Charakters des Smartphone-Trackers und vor allem der wissenschaftlichen und kaum anwendungsorientierten Funktionalität. Eine Vergleichbarkeit zu passiven IT-Diensten wie positionsbasiertes eTicketing ist jedoch aber gegeben. In diesem Zusammenhang wurde in der Wissenschaft auch durchaus das TAM herangezogen (Cheng 2013). Wie bereits zuvor erwähnt, spielen Datenschutzsensibilität und Technikaffinität als Einstellungen aber auch Anwenderfreundlichkeit und einem möglichen individuellem Mehrwert als Komponenten der Nützlichkeit und Bedienbarkeit eine wichtige Rolle in einer erfolgreichen Rekrutierung und vollständigen Erhebungsteilnahme. Incentives wirken als steuerndes Element bezüglich der wahrgenommenen Nützlichkeit. Eine Übersicht über das hier angenommene Modell nach Davies ist in der Abb. 5.1 dargestellt.

Geringer Teilnehmeraufwand durch anwenderfreundliche Medien Der unschlagbare Vorteil des Smartphone-Trackings gegenüber konventionellen Wegetagebüchern besteht in dem geringeren Aufwand für den Untersuchungsteilnehmer. Die Erhebung soll in den Hintergrund gerückt werden: Im besten Fall ist nach der Installation und Freischaltung durch den Nutzer keine weitere Interaktion mit der Applikation nötig. Aufgrund des passiven Charakters der Applikation liegen folglich vergleichsweise wenige funktionale Anforderungen vor. Vielmehr dient die Applikation als Kontrollmedium, die dem Teilnehmer die Hoheit über Teilnahme ermöglicht. Als Kontrollmöglichkeiten sollte der Trackingstatus deutlich angezeigt werden und der Status der einzelnen Sensoren (GPS, WLAN etc.) erkenntlich sein. Die bestehende Entwicklung im Bereich Usability zeigt, dass allein durch die Entwicklung von Standardlösungen, wie z. B. Einstellungsräder oder Reiter, und wiederkehrende Designelementen, wie z. B. das Positionierungssymbol, eine deutliche Verbesserung der Usability zu vernehmen ist. Es ist daher zu erwarten, dass Probleme im Umgang mit Apps in Zukunft seltener auftreten werden. Im Gegenteil: Eine verbesserte Usability senkt in Zukunft vermutlich den Aufwand für die Untersuchungsperson noch weiter.

Somit sind die Stolpersteine bezüglich der Anwenderfreundlichkeit woanders zu suchen, beginnend mit der Installation und Freischaltung der Applikation. Diese hängt vom Erhebungsziel und Datenschutzkonzept ab, denn je nachdem ob eine Identifikation der Erhebungsteilnehmer über Schlüsseltabellen für z. B. Verknüpfung mit externen Daten vorgesehen ist, kann es sein, dass die Applikation mittels einem individuellen Code freigeschaltet werden muss. Diese wurde im Techniktest über eine personalisierte Email mitgeteilt und von den Teilnehmern manuell in der Applikation eingegeben. Denkbar ist es auch, dass der Code auf einer personalisierten Webseite nach einer Nutzerregistrierung bereitgestellt wird. Eine personenbezogene Applikation, welches über ein Download-Link mit bereits implementiertem Code bereitgestellt wird, ist eine weitere Option und mit einem geringeren Eingabeaufwand für den Teilnehmer deutlich anwenderfreundlicher. Insgesamt kann jedoch auch bei einer mehrstufigen Sicherheitsabfrage von einem geringen Teilnehmeraufwand ausgegangen werden, wenn eine stimmige Abfolge von Registrierung, Installation und Freischaltung konzipiert wird. Initiale Applikationseinstellungen für den Teilnehmer sollten vermieden werden. Wenn Einstellungen änderbar sind, sollte das Einstellungsmenü einfach und übersichtlich gestaltet sein.

Ein häufiges Problem bei der Testnutzung des cairo-Trackers waren umfassende Datenlücken, da die Testteilnehmer des Öfteren vergaßen nach ausgeschaltetem Smartphone, den Tracker wieder zu aktivieren. Kritisch für eine ununterbrochene Erhebung sind insbesondere Momente, in denen das Smartphone erneut eingeschaltet wird oder alle Applikationen durch ein „App-Stop" ausgeschaltet werden. Daher wäre eine Funktion, die den Tracker automatisch wieder einschalten oder eine Erinnerung senden, erstrebenswert. Anregungen zu solchen Lösungen findet man bei bestehenden Tracking-Apps, z. B. Google Tracks, Open Tracker oder InViu.

Ein großes Problem bei der Anwenderfreundlichkeit sind vermehrte Ladevorgänge, die aufgrund des hohen Akkuverbrauchs insbesondere des GPS-Empfängers auftreten. Das hat sich auch bei den Testnutzern des cairo-Trackers gezeigt. Ein hoher Aufwand, welcher durch das ständiges Laden auftritt und zu deutlichen Nutzungseinschränkungen im Alltag führt, wird in vielen Fällen zum Teilnahmeabbruch führen. Daher ist in der Entwicklung die Optimierung der Akkulaufzeit dringend erforderlich. Um die Akkulaufzeit zu maximieren, wurde für den cairo-Tracker eine intelligente Flexibilisierung der Erfassungsfrequenz kreiert: In Abhängigkeit von Bewegungsgeschwindigkeit gekoppelt mit dem Beschleunigungssensor des Geräts wird die Trackingfrequenz erhöht. Bei Stillstand werden so nur wenige Datenpunkte erfasst, während bei einer Ortsveränderung die Routen durch dichtere Erfassung nachgebildet werden können. Ein zentraler Aspekt für den zukünftigen Einsatz ist dennoch die Entwicklungsrichtung der Akkuleistung, die nur einen begrenzten Spielraum vermuten lässt, da zusätzliche Akkuleistungen vermutlich von verbrauchsstärkere Anwendungen aufgebraucht werden. Es wäre daher ein Fehler, alternative Maßnahmen zur Verbesserung der Akkulaufzeit aus dem Blickfeld zu lassen. Denkbar wären z. B. die Auswahl von Teilnehmern mit geeigneten Smartphone-Modellen, die Bereitstellung externer Akkus oder kurze Erläuterungen zu einer akkuschonenden Smartphone-Nutzung.

Technikaffinität und Datenschutzsensibilität als beeinflussende Einstellungen Durch das Smartphone steigt womöglich die Hemmschwelle für weniger technikaffine Personen, sich für eine Teilnahme an Forschungsprojekten mit Smartphone-Tracking zu entscheiden. Da die Technikaffinität in unterschiedlichen Bevölkerungsgruppen verschieden stark ausgeprägt ist, kommt es zu Verzerrungen, die maßgeblich die Repräsentativität der erhobenen Daten beeinflussen. Das Fraunhofer Institut Systemtechnik und Innovationsforschung setzte zur Bemessung dieses Merkmals aus den Eigenschaften technisches Interesse, Informiertheit und Begeisterung das übergeordnete Attribut „technophiles Einstellungssyndrom" zusammen. (Hüsing et al. 2002, S. 327–328). Weitere Ergebnisse dieser Metastudie weisen darauf hin,

- dass der Bevölkerungsanteil der Technikambivalenten (also weder technophob noch technophil) seit den 1960 steigt,
- dass Einstellung gegenüber Technik individuell stark nach Technikbereichen differenziert (z. B. kann eine Person bei Haushaltsgeräten technikaffin sein und gleichzeitig bei Kommunikationstechnologien technophob reagiert)
- dass das Attribut bei Männern und jungen Menschen überdurchschnittlich stark vorhanden ist, jedoch vergleichsweise schwache Korrelationen mit Bevölkerungsgruppen vorliegen.

Auch im Rahmen der Begleitforschung zur cairo-App konnte eine hohe Technikaffinität der Teilnehmer festgestellt werden und das obwohl breite Rekrutierungskanäle gewählt wurden. Zur Rekrutierung wurden Webportale und Newsletter insbesondere der DB Rent genutzt. Zusätzlich wurden Pressemitteilungen und redaktionelle Beiträge zur Kommunikation genutzt und zielgruppenspezifische Rekrutierung über Direktansprache im öffentlichen Raum und Verkehrsmitteln durchgeführt. Die durchschnittliche Technikaffinität, die aus Items zur Einstellung gegenüber elektronischen Geräten gebildet wurde und von 1 (‚sehr hohe Technikaffinität') bis 6 (‚sehr niedrige Technikaffinität') reicht, lag am Anfang der Feldphase bei 1,71. Am Ende erhöhte sich die Affinität auf 1,45, was darauf schließen lässt, dass Geringaffine frühzeitig den Test beendet haben. Die hohe Technikaffinität der

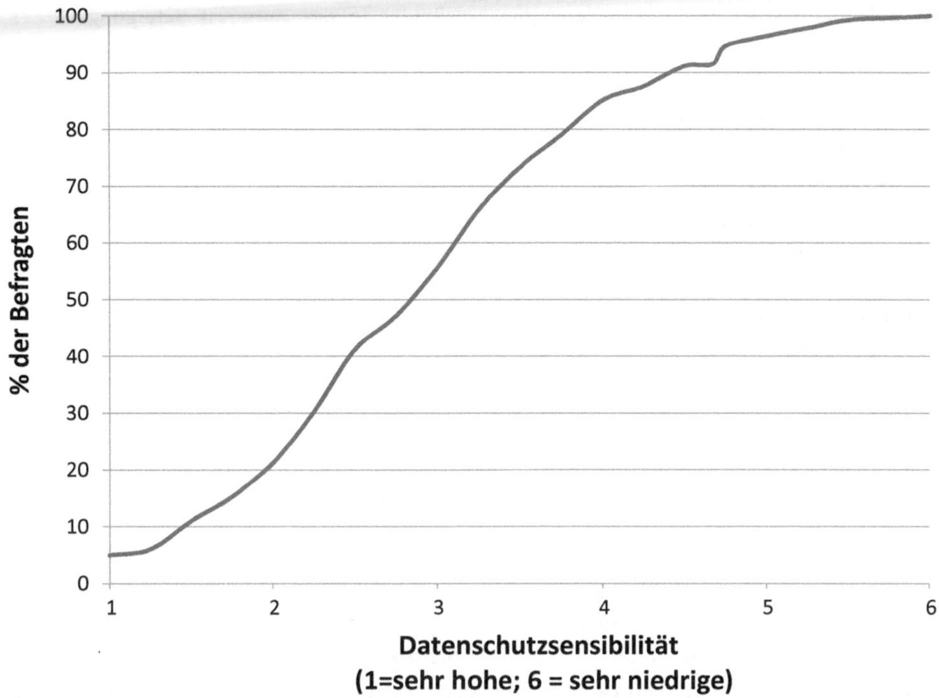

Abb. 5.2   Items zur Messung der Datenschutzsensibilität in der cairo T0 Befragung

cairo-Testnutzer zeigt, dass smartphone-bezogene Mobilitätsforschung unbedingt Maß-nahmen implementieren muss, die die Teilnahmebereitschaft weniger Technikbegeisterter fördert.

Tendenziell sind die Technikaffinen auch offener bezüglich Datenschutzfragen. Das zeigt zumindest die cairo T0-Befragung. Jedoch ist dieser Zusammenhang mit einem Korrelationskoeffizient von 0,136 nur schwach ausgeprägt. Auch ist die individuelle Ein-stellung zum Datenschutz in verschiedenen Bevölkerungsgruppen unterschiedlich aus-geprägt. Für repräsentative Tracking-Erhebungen, die langfristig z. B. den MiD ergänzen oder sogar ersetzen könnten, ist aber die Teilnahme breiter Bevölkerungsschichten unent-behrlich. Somit gilt es auch, ein sicheres Datenschutzkonzept zu entwickeln, dass auch von den Probanden akzeptiert wird.

Bei der Begleitforschung im cairo-Projekt wurde die Datenschutzsensibilität der multi-modalen Studienteilnehmer deutlich. Über die Hälfte stimmt der Aussage „Datenschutz ist mir wichtig" voll und ganz zu. Nur jedem zehnten Befragten ist die Datenschutzproble-matik eher unwichtig. Während die Smartphone- und Internet-Nutzung bei zwei von fünf Teilnehmern aufgrund von Datenschutzbedenken zumindest tendenziell beeinflusst wird, stimmen vier von fünf Teilnehmern der Aussage zu, dass bei der Bereitstellung der Ortsan-gaben genau darauf geachtet wird, wofür sie genutzt werden. Diese Verteilung verdeutlicht den besonderen Stellenwert von Bewegungsdaten (vgl. Abb. 5.2).

Tab. 5.1 Bildung der Skala zur Datenschutzsensibilität in der cairo T0 Befragung, $N=281$; fehlend$=20$

Items	Faktorladung
Datenschutz ist mir wichtig	0,729
Ich schränke meine Internet-Nutzung aus Datenschutzbedenken ein	0,876
Ich schränke meine Smartphone-Nutzung aus Datenschutzbedenken ein	0,887
Bei der Bereitstellung meiner Ortsangaben achte ich genau, wofür sie genutzt werden	0,709
Cronbachs Alpha	0,815
Mittelwert der Skala	2,993
Standardabweichung der Skala	1,090
Skala der Items jeweils: 1 = „trifft überhaupt nicht zu" bis 6 = „trifft voll und ganz zu"	–

Die Datenschutzsensibilität der Testnutzer wurde mit einer Reihe einstellungsorientierter Aussagen gemessen, wovon sich vier als besonders geeignet erwiesen. Diese wurden zu einer neuen Skala zusammengefasst (vgl. Tab. 5.1 und Abb. 5.3).

Die Skala verdeutlicht, dass die Datenschutzsensibilität im Teilnehmerfeld breiter verstreut ist als die Technikaffinität. Tendenziell können in den offenen Angaben der cairo-Studie drei typische Aussagen identifiziert werden:

- „Datenschutzsensible", für die der Datenschutz ohne Kompromisse einen hohen Stellenwert hat, sehen insbesondere die Speicherung von Bewegungsprofilen problematisch. *„Mein Bewegungsprofil bleibt bei mir!"* ist eine repräsentative Aussage dieser Gruppe.
- Bei den „Datenschutzrobusten" reicht die *„Einhaltung [des] BDSG"* oder der *„gesetzlichen Mindestanforderungen"* aus, um die persönlichen Daten zu schützen.
- „Datenschutzresignierte" setzten keine Hoffnung in entsprechenden Maßnahmen oder sind zum Teil schon resigniert aufgrund der aktuellen Praxis und zurückliegenden Datenschutzskandalen.

Die erstere Gruppe formuliert dabei ihre Ansprüche besonders absolut. *„Datenschutz [sei] selbstredend sehr relevant"*. Insbesondere Bewegungsprofile sollen vermieden werden: Die *„Weitergabe von Bewegungsprofilen muss ausgeschlossen sein"*. *„Keine Weitergabe von Daten an Dritte, insbesondere nicht im Zusammenhang [mit] Ortsdaten"*. Es fällt sogar der Satz *„Niemand sollte sehen, wo ich aktuell bin!"* Datenschutz *„wird eine zunehmend größere Rolle spielen"* und die Wichtigkeit sei *„absolut hoch"*. Deshalb sollte *„keine Weitergabe von Daten für Werbung"* erfolgen und die *„Adressen nur auf ein Endgerät verarbeitet"* werden. *„Keine unnötigen Zugriffe"* und *„mehrstufige Sicherheitsabfragen"* könnten als weitere Sicherheitsmaßnahmen angedacht werden.

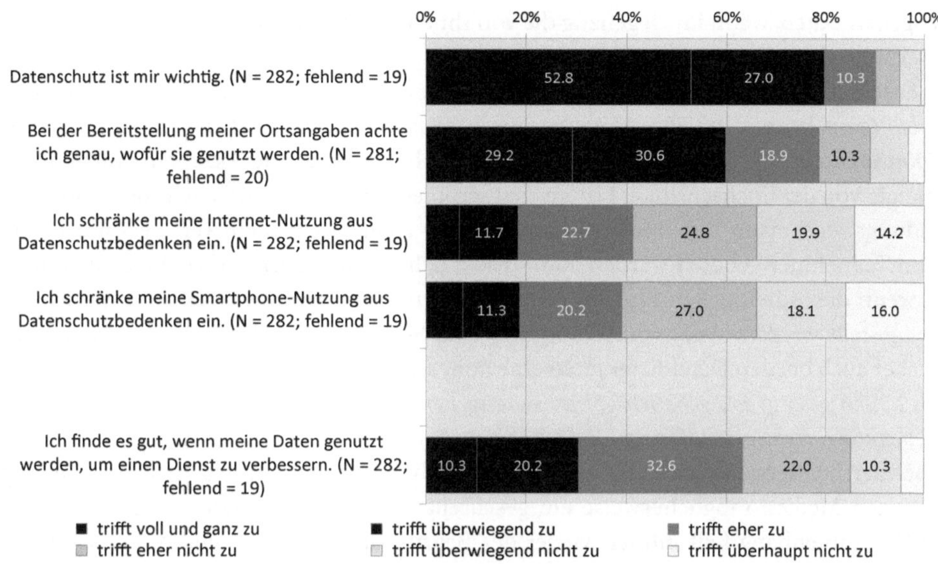

Abb. 5.3 Kumulierte Verteilung der Datenschutzsensibilität unter den cairo-Teilnehmern

Pragmatischer sind die Einschätzungen der „Datenschutzrobusten", wonach die „*Einhaltung [des] BDSG*" oder der „*gesetzlichen Mindestanforderungen*" ausreichen sollten. „*Anonymisiert ist mir egal, was mit den Positionsdaten passiert.*" Anderen ist Datenschutz hingegen „weniger wichtig" oder auch „egal". Manche sind der Meinung, dass das Thema „*in Deutschland insgesamt viel zu hoch bemessen wird*".

Tendenziell sollte der Nutzer „*über Umfang der übermittelten Daten sowie deren Verwendung informiert sein und deren Verwendung gegebenenfalls ablehnen können.*" Eine solche Datentransparenz und -hoheit wird mehrmals explizit erwähnt. Ein „*Abruf und [...] Löschung ausgewählter Daten*" könnte zum Beispiel durch einen „*Klick auf [die] Fahrt auf [einer] Internetseite*" erfolgen und würde nach der Vorstellung dieses Nutzers „*zur Löschung der Geodaten für diese Fahrt führen*".

Die Stärke der Sensibilität ist also unter dem tendenziell technikaffinen Teilnehmerfeld breit verteilt. Selbst also bei kleineren technologieorientierten Untersuchungen ohne sozio-demographische Anforderungen tritt eine große Varianz an Einstellungen zum Datenschutz auf. Daher sind die Berücksichtigung dieser Unterschiede und die Bedienung besonderer Sicherheitsbedürfnisse selbst für kleinere Studien angebracht. Bei umfassenderen oder sogar repräsentativen Studien sind sie jedoch eine Notwendigkeit.

Persönlicher Mehrwert durch Wegeerfassung Bei den Personen mit geringerer Datenschutzsensibilität ist eine erhöhte Akzeptanz festzustellen, wenn ein echter Mehrwert erzeugt wird. Insbesondere manche der ‚Datenschutzrobusten' und ‚Datenschutzresignierten' sprechen sich für eine weitere Nutzung ihrer Daten aus, sofern sie etwas davon haben. Diese ‚Datenlieferanten' sehen einen fairen Deal bei der Preisgabe Ihrer personenbezogenen Daten, wenn im Gegenzug die von Ihnen genutzten Dienste eine deutliche Verbesserung erfahren.

„*Eventuell ermittelte Statistiken*" könnten demnach dem „*User auch wieder angezeigt werden (zum Beispiel anteilige Nutzung verschiedener Verkehrsmittel etc.)*" oder „*zur Programmverbesserung*" genutzt werden. Daraus geht hervor, dass die Akzeptanz nicht allein abhängig von der hochsensiblen Datenschutzproblematik ist. Sie wird auch stark vom Verwendungszweck, vom Erhebungsdesign und nicht zuletzt dem Mehrwert beeinflusst, die einem Teilnehmer geboten werden kann. Es ist daher eine erhöhte Akzeptanz zu vermuten, wenn die individuellen Ergebnisse der Erhebung den einzelnen Teilnehmern wieder bereitgestellt werden. Anonymisierung und eine Sicherstellung der Daten nehmen zum Teil aber auch bei den Datenlieferanten eine hohe Bedeutung ein: „*Solange für Datenschutz nach außen gesorgt ist, gebe ich gerne weitestgehend anonyme Daten für eine vollständige und benutzerorientierte Informationsversorgung frei*".

Bei der heutigen Betrachtung gilt es auch zu berücksichtigen, dass sich im Umgang mit neuen Medien möglicherweise ein gesellschaftlicher Wertewandel vollzieht. In diesem Zusammenhang fällt immer wieder der Begriff ‚der gläserne Mensch'. Die Nutzung von sozialen Medien, in denen persönliche Informationen einer unterschiedlich breiten Öffentlichkeit zugänglich gemacht werden, ist nur ein Indikator einer aufkommenden Selbstdarstellung im Netz. Ein weiteres Signal findet man in einer neuen Bewegung, die derzeit diskutiert wird: die ‚Quantified Self' Gruppe. (Grasse und Greiner 2013, S. 61) Teilnehmer erfassen in der Regel digital Daten zur eigenen Person mit dem Ziel, die eigene Lebensqualität zu steigern. Gesundheit, Kommunikation und Freizeit sind die typischen Bereiche, die mit eigenen Datenauswertungen reflektiert und verbessert werden sollen. Die eigene Mobilität passt ebenso in dieses Schema.

Dass durch Trackingdaten dem Nutzer ein echter Mehrwert geboten werden kann, zeigt die Stauscanner-Funktion der Smartphone-Applikation des ADAC. Mit dieser Funktion werden über eine passive Ortung automatisch Fahrtgeschwindigkeit und Koordinaten anonymisiert erhoben, um Staumeldungen in Echtzeit ermitteln zu können. Der Mehrwert besteht dabei in der höheren Qualität der Meldungen. Die sensiblen Bewegungsinformationen werden erst nach einer dreistufigen Nutzerzustimmung freigegeben. In einer breiten Befragung von über 1000 Personen zeigten sich über die Hälfte sowohl der App-Nutzer, der App-Nicht-Nutzer, der Mitglieder wie auch der Nicht-Mitglieder interessiert an die Nutzung einer solchen Funktion unter der Bedingung, die eigenen Ortsangaben tracken zu lassen.

Eine Visualisierung in einer Web Mapping Application (WMA) ist dabei eine denkbare Lösung zur Ex-Post-Validierung, welches in bestehenden Ansätzen auch zum Teil der Konzeption gehört (vgl. Abb. 5.4), wobei weitere Projekte auch eine einfache Eingabemaske verwenden (Veenstra und Geurs 2013). Nach einer Benutzerregistrierung werden auf dem Web-Interface einfache Interpolationen der individuellen Wege durch lineare Verbin-

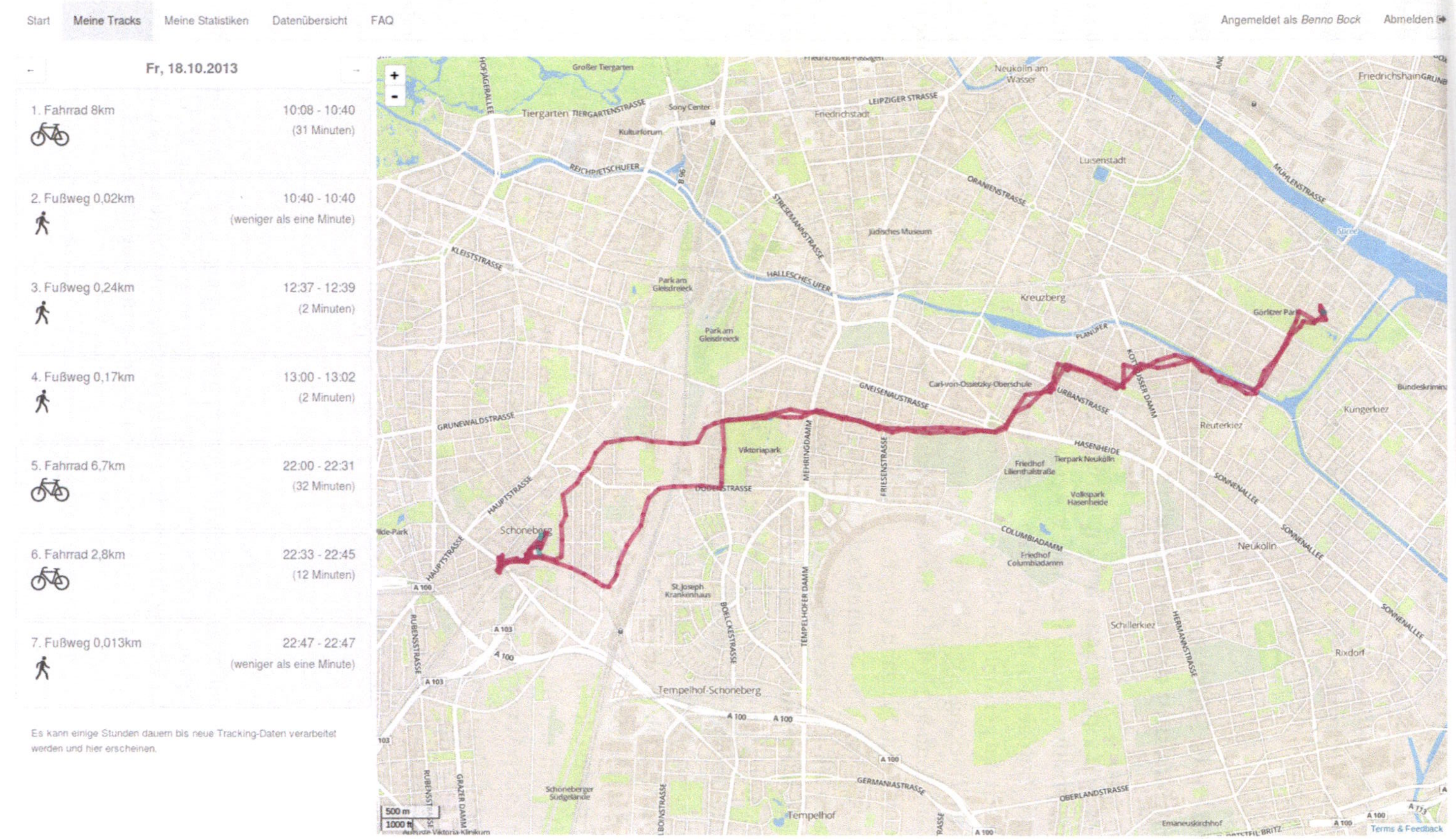

Abb. 5.4 Beispiel eines Webmappingtools als Hilfsmittel zur Validierung und zur Übergabe der Datenhoheit an die Teilnehmer

dungen dargestellt. Die zeitlich gefilterten Wege können dann manuell bearbeitet werden. Aufenthaltsorte und Wege lassen sich löschen, hinzufügen oder zerschneiden. Attribute wie z. B. Verkehrsmittel oder Aktivitäten können dann hinzugegeben, oder sofern sie automatisiert ermittelt wurden, ebenfalls validiert und editiert werden. Eine solche Web Mapping Application sollte zukünftig mobil abrufbar und funktionsfähig sein.

5.3.4 Nächste Schritte: Inzentivierung und frühzeitige, konzeptionelle Einbindung der Kernaspekte

Jeder dieser Kernaspekte kann bei einer frühzeitigen Einbindung in die Konzeption des Trackers im positiven Sinne beeinflusst werden. In den jeweiligen Unterkapiteln wurden dazu einige Maßnahmen beschrieben. Teilnehmermehrwert und Datenhoheit können sehr gut durch die persönliche Zugänglichkeit der eigenen Ergebnisse über ein Webinterface oder der Tracking-App selber ermöglicht werden. Daten, die auf Wege und Verkehrsmittel fußen, können als Basis für verschiedenste Dienste genutzt werden. Gleichzeitig kann mit dem Datenzugang eine Ex-Post-Validierung der automatisierten Aufbereitung hergestellt werden. Das Minimalziel der derzeitigen Entwicklungsarbeiten im Bereich Smartphonetracking ist es jedoch zunächst einmal, eine datenschutzsichere Systemarchitektur zu erschaffen und ein akkuschonendes Erhebungstool zu entwickeln. Wo technische Entwicklung durch Rahmenbedingungen, z. B. Akkukapazität, begrenzt sind, bleibt ein Aufwand oder auch Unannehmlichkeiten für den Teilnehmer übrig.

Diese müssen durch Incentives entschädigt oder durch begleitende Maßnahmen kompensiert werden. Die Höhe der Inzentivierungen ist daher in den nächsten, umfassenden Feldtests oder Studien mit Smartphone-Trackern zu bestimmen, um auch weniger technikaffine Bevölkerungsgruppen anzusprechen. Wenn man davon ausgeht, dass das Smartphone von den meisten Bevölkerungsschichten zum Alltagsmedium wird, dürfte jedoch ein hoher Aufwand perspektivisch nicht mehr nötig sein. Aber auch Datensensible gilt es zu erreichen. Eine mögliche Herangehensweise wäre die zufällige Staffelung der Incentives unter den Teilnehmern. Bei einer ausreichend großen Gruppe können Teilnahmebereitschaft und Abbruchraten in Abhängigkeit der Technikaffinität, Datenschutzsensibilität und Höhe der Aufwandsentschädigung untersucht werden.

Literatur

Davis F D (1989) A technology acceptance model for empirically testing new end-user systems: theory and results, Dissertation, Massachusetts Institute of Technology. Cambridge, M.A.

E-Plus (2011) Offiziell: Aufklärung rund um die Location Based Service Meldung, Blog-Eintrag vom 04.01.2011 http://blog.base.de/aufklarung-location-based-service, Zugriff Juli 2013

Europäische Kommission (2011) ARTICLE 29 Data Protection Working Party, Article 29 of Directive 95/46/EC, Brüssel, http://ec.europa.eu/justice/policies/privacy/docs/wpdocs/2011/wp185_en.pdf, (Zugriff Juli 2013)

Google (2012) Datenschutzerklärung, http://www.google.de/intl/de/policies/privacy/, Stand 27.07.2012

Grasse C, Greiner A (2013) Mein digitales Ich – wie wir die Vermessung des Selbst unser Leben verändert und was wir darüber wissen müssen. Metrolit Verlag. 2013. Berlin

Huawei/Initiative D21 (Hrsg., 2013) Mobile Internetnutzung Entwicklungsschub für die digitale Gesellschaft!, Berlin, http://www.initiatived21.de/wp-content/uploads/2013/02/studie_mobilesinternet_d21_huawei_2013.pdf (Zugriff Juli 2013)

Hunsicker F, Knie A, Lange G (2007) Wie korrekt sind die Nachfragedaten des Straßenverkehrs? Eine kritische Betrachtung der mehrfach revidierten Fahrleistungsstatistik. In: Internationales Verkehrswesen 59 (4), S. 144–148

Hüsing B et. al. (2002) Technikakzeptanz und Nachfragemuster als Standortvorteil. Abschlussbericht. 2002. Karlsruhe

Königstorfer, Jörg (2008) Akzeptanz von technologischen Innovationen – Nutzerentscheidungen von Konsumenten dargestellt am Beispiel von mobilen Internetdiensten. GWV Fachverlage. 2008. Wiesbaden

Kuhnimhof T, Chlond B, Zumkeller D (2006) Nonresponse, Selectivity, and Data Quality in Travel Surveys: Experiences from Analyzing Recruitment for German Mobility Panel. In: Transportation Research Record 1972, S. 29–37

Mayring P (2007) Qualitative Inhaltsanalyse. Grundlagen und Techniken (9. Auflage, erste Auflage 1983). Weinheim: Deutscher Studien Verlag

Mims C (2012) Der allwissende Chip, Technology Review, heise online, http://www.heise.de/tr/artikel/Der-allwissende-Chip-1518466.html, (Zugriff Juli 2013)

Neuhetzki T (2012) Deutsche Bahn: Touch & Travel nun für fast alle Handy-Nutzer, Nur E-Plus-Kunden können die mobile Fahrkarte nicht nutzen, Beitrag auf Teltarif vom 02.03.2012, http://www.teltarif.de/touch-travel-bahn-fahrkarte-symbian-nokia-o2/news/45927.html, (Zugriff Juli 2013)

Schönfelder S, Axhausen K W (2010) Urban rhythms and travel behaviour. Spatial and temporal phenomena of daily travel. Farnham, Burlington

TNS Infratest (2013) Zwei Drittel der Mobilfunknutzer weltweit signalisieren, dass sie gefunden werden möchten, Presseinformation vom 24.04.2012, München, http://www.tns-infratest.com/presse/presseinformation.asp?prID=844, Zugriff Juli 2013

Veenstra S, Geurs K (2013) Gathering Travel Behaviour via a Smartphone: A Pilot Study of the Dutch Mobile Mobility Panel. Präsentation auf der NECTAR 2013 Konferenz. 2013. Azoren, Portugal

VZBV – Verbraucherzentrale Bundesverband (Hrsg., 2012) Mobile Commerce via Smartphone & Co, Analyse und Prognose des zukünftigen Marktes aus Nutzerperspektive, Berlin, http://www.vzbv.de/cps/rde/xbcr/vzbv/mobile-commerce-studie-vzbv-2012.pdf, Zugriff Juli 2013

Helga Jonuschat und Marc Schelewsky

Zusammenfassung

In diesem Abschnitt werden die wesentlichen Ergebnisse zusammengefasst.

Mobilität ist eine zentrale Daseinsgrundfunktion, die unsere Routinen im Alltag zeitlich taktet. Über Straßen, U-Bahn-Trassen und Fahrradwege prägt der Verkehr zudem auch baulich unser Lebensumfeld. Umso folgenreicher ist es, dass wir bisher eigentlich nicht allzu viel darüber wissen, wie wir uns tatsächlich fortbewegen. Zwar gibt es weitgehend zuverlässige Daten aus Verkehrszählungen, aus denen z. B. je nach Tageszeit stark frequentierte S-Bahn-Strecken oder Straßen erkennbar sind. Über weitere Details zum Mobilitätsverhalten, etwa wie lang die jeweiligen Fahrtstrecken sind und ob sich S-Bahn-Passagiere vor allem mit dem Fahrrad, zu Fuß oder mit dem eigenen Auto zur Station begeben, sagen diese Verkehrsdaten jedoch nicht allzu viel aus. Gleichwohl sind diese Informationen für die Verkehrsplanung außerordentlich wichtig, wenn man z. B. über Fahrradabstellplätze oder Park & Ride-Angebote nachdenkt, um Pendler dazu zu bewegen, nicht mit dem Auto in das Stadtzentrum zu fahren. Außerdem ist der Modal Split eine weltweit verbreitete Vergleichsbasis für die Verkehrsmittelnutzung und hierfür braucht man die Angabe, wie viele Wege mit dem Auto, Fahrrad, dem ÖPNV sowie zu Fuß zurück gelegt wurden.

Bisher war die Erhebung von detaillierten Mobilitätsdaten über Wegetagebücher, Befragungen und Interviews allerdings sehr aufwändig. Außerdem sind diese traditionellen sozialwissenschaftlichen Methoden der Mobilitätsforschung insofern fehleranfällig, als das individuelle Verkehrsverhalten komplex ist und man viele Wege nicht bewusst erlebt. Mit

H. Jonuschat (✉) · M. Schelewsky
InnoZ GmbH, Torgauer Str. 12-15, 20829 Berlin, Deutschland
E-Mail: Helga.jonuschat@innoz.de

M. Schelewsky
E-Mail: Marc.schelewsky@innoz.de

M. Schelewsky et al. (Hrsg.), *Smartphones unterstützen die Mobilitätsforschung,*
DOI 10.1007/978-3-658-01848-1_6, © Springer Fachmedien Wiesbaden 2014

neuen Mobilitätsoptionen wie Carsharing oder Bikesharing werden immer mehr unterschiedliche Verkehrsmittel miteinander kombiniert und es wird demnach noch schwieriger nachzuvollziehen, wie man nun genau von A nach B gekommen ist. Und so fällt es erst recht einige Tage im Nachhinein schwer, genaue Angaben zu Wegezwecken und den genutzten Verkehrsmitteln zu machen.

Wie in Kap. 3 beschrieben wurde, birgt das Smartphone-Tracking ein großes Potenzial, diese Defizite auszugleichen. Zumindest theoretisch kann über das Tracking die Datenerhebung so automatisiert werden, dass die Bewegungsdaten innerhalb der aktiven Trackingzeit vollständig und nahezu metergenau die einzelnen Wegestrecken, die genutzten Verkehrsmittel sowie die Fahrtzeiten wiedergeben. Praktisch gibt es aber, wie in Kap. 4 dargelegt wurde, noch vielfältige technische Probleme, die dazu führen, dass dann eben doch nicht alles so reibungslos läuft: Wege werden v. a. in Gebäuden oder im Untergrund beendet, Fahrrad und Autos im Stadtverkehr sind kaum zu unterscheiden und auch bei der Datenverarbeitung bestehen noch vielfältige Herausforderungen in Bezug auf Filterung und Modellierung.

Eine große Herausforderung ist zudem, dass umso genauere Daten geliefert werden, je kürzer das Tracking getaktet ist. Mit einer hohen Tracking-Frequenz wird jedoch auch der Handy-Akku stärker belastet, so dass die Bereitschaft sinkt, sich über das eigene Smartphone tracken zu lassen. Die Vorbehalte potenzieller wie tatsächlicher Testpersonen gegenüber Smartphone-Tracking sind demnach auch aufgrund der technischen Unzulänglichkeiten noch sehr hoch. Die regen Forschungs- und Entwicklungsaktivitäten in Wissenschaft und Industrie lassen jedoch hoffen, dass viele technische Hürden wie die Akkubelastung durch GPS-Ortung oder Messungenauigkeiten demnächst der Vergangenheit angehören.

Während die technischen Aspekte des Smartphone-Trackings also durchaus schon im Fokus der Entwickler und der Fachöffentlichkeit stehen, ist das Wissen zu den mit dem Smartphone-Tracking verbundenen sozialwissenschaftlichen Fragen bisher noch begrenzt. Hierbei spielt zwar auch eine Rolle, dass das mobile Internet noch nicht überall weit verbreitet ist und daher die Repräsentativität der Ansichten von Smartphone-Besitzern für breite Bevölkerungsgruppen in Frage gestellt wird. Dem ist entgegen zu halten, dass immerhin heute schon fast 50 % der Deutschen mobiles Internet nutzen (Huawei und Initiative D21 2013). Außerdem nehmen die Nutzer das Smartphone nicht grundlegend als neue Technologie wahr, sondern eher als Konvergenz von Internet und Mobiltelefonie, also zweier etablierter und routiniert genutzter Medien. Ähnlich wie beim Internet wird also der Zugang zum mobilen Internet in Zukunft keine große Barriere mehr darstellen.

Da das Innovative an Smartphones ist, dass man jederzeit und von überall aus Zugriff auf das Internet hat, ist es naheliegend, dass Smartphones auch ganz besonders gern als Hilfsmittel beim Reisen eingesetzt werden. Das spiegelt sich auch in der besonders hohen Beliebtheit von Mobilitäts-Applikationen wieder: Unter den zehn beliebtesten Apps waren nach einer Umfrage des Magazins FOCUS für drei iPhone-Apps (zwei für Android), mit denen man Routen finden und Tickets bezahlen kann sowie drei weitere iPhone-Apps (eine für Android) für Umgebungskarten (FOCUS 2012, S. 121). Im Rahmen einer Testphase zu einer intermodalen Routing-App (InnoZ-Projekt „cairo") äußerte etwa die Hälfte der Befragten, dass sie ein bis drei Tage pro Woche ihr Smartphone für die Routenabfrage nutzen, ein weiteres Drittel sogar fast täglich. Über ein Viertel nutzte das Smartphone zusätzlich mehr als drei Tage die Woche für die Buchung z. B. von Flügen oder Carsharing-Fahrzeugen sowie für den Kauf von Tickets. In einer Gruppendiskussion am InnoZ zum intermodalen Reisen (Projekt DIMIS) haben Teilnehmer sogar angegeben, dass sie ihr Smartphone eigens dafür angeschafft haben, um auf Mobilitätsdienste zugreifen zu können. Die Anbieter von Mobilitätsdiensten wie Carsharing-Unternehmen, Fahrradrouting-Dienste oder e-Ticketing-Provider besitzen damit wertvolle Informationen, die bisher noch kaum für die Mobilitätsforschung genutzt wurden.

Smartphone-Tracking stellt in diesem Kontext einen weiteren, sehr attraktiven Ansatz dar, um neue Erkenntnisse zum Mobilitätsverhalten zu erhalten zu können. In Kombination mit weiteren Daten wie z. B. Buchungsdaten von Carsharing-Autos, über Sensoren erfasste Verkehrsdaten oder generelle Daten zur mobilen Internetnutzung steht somit erstmals ein riesiger Datenschatz bereit, über den komplett neues Wissen dazu erlangt werden kann, wie und aus welchem Anlass wir uns fortbewegen und auch z. B. welche Umwelteffekte unser Mobilitätsverhalten hat. Damit können jedoch auch große Risiken verbunden sein. So zeigen die derzeitigen Diskussionen um „Big Data" oder auch den Abhörmethoden der NSA, dass die Auswertung riesiger Datenmengen mit Programmen wie PRISM oder Tempora keinesfalls mehr eine Zukunftsvision ist. Ebenso wecken ortsbezogene oder Bewegungsdaten die Begehrlichkeiten vieler Unternehmen wecken, um gezielte Marketing zu betreiben und neue Kundengruppen zu gewinnen. Der Nutzer vergisst dabei oft: Viele, gerade kostenlose Angebote im mobilen Internet werden auch über den Verkauf der damit erfassten Daten finanziert (vgl. Mayer-Schönberger und Cukier 2013, S. 98 ff.).

Sollte das Missbrauchspotenzial durch staatliche Institutionen oder Unternehmen zukünftig gesetzlich beschränkt werden, ergeben sich jedoch aus der Masse an Bewegungsdaten große Chancen für die Mobilitätsforschung. So ergibt sich erstmals die Möglichkeit zum Data-Mining, d. h. zur massenhaften Erhebung von Daten, die erst im Anschluss explorativ auf mögliche Korrelationen hin ausgewertet werden. Über Data-Mining kann z. B. erkannt werden, dass die Nutzer einer bestimmten U-Bahn-Linie eine Vorliebe für Fernflüge haben. Wieso dieser Zusammenhang besteht, kann dann im Anschluss durch ergänzende empirische Studien näher untersucht werden. Damit werden bisherige Forschungsansätze in Frage gestellt, bei denen in der Regel vorab Thesen erstellt und hierzu Testpersonen als „Stellvertreter" für die Gesamtbevölkerung befragt werden. Ob Data-Mining dabei eher als Ergänzung zu herkömmlichen Forschungsmethoden Sinn macht oder ob – wie die derzeitige Diskussion um „Big Data" (Mayer-Schönberger und Cukier 2013) nahe legt – der Weg zu einem komplett neuen Forschungsparadigma geebnet wird, wird in den nächsten Jahren eine interessante Forschungsfrage für viele Disziplinen sein.

Bisher sind wir aufgrund der technischen Defizite von einer massenhaften oder gar Total-Erfassung von Bewegungsdaten zwar noch weit entfernt. Da aber abzusehen ist, dass die die technischen Defizite bald überwunden sein werden, sollte man sich auch schon im Vorfeld mit relevanten Technikfolgen sowie dieser sehr speziellen und sensiblen Datenart auseinander setzen – denn wie in Kap. 4 dargelegt wird, sind Smartphone-Trackingdaten immer auch personenbezogenen Daten. Beim Einsatz des Smartphone-Trackings für die Verkehrsforschung werden daher Datenschutzfragen sehr aktiv adressiert werden müssen.

Dabei ist nicht unerheblich, dass Smartphone-Besitzer in der Regel großen Wert auf Datenschutz legen. So hält die Hälfte der Nutzer Smartphone basierter Mobilitätsdienste für sehr wichtig und ein weiteres Drittel noch für eher bzw. überwiegend wichtig (Schelewsky et al. 2013, S. 18). Für die Nutzerakzeptanzforschung wird der Schutz von Bewegungsdaten in Zukunft daher deutlich an Bedeutung gewinnen, denn die Folgen eines gezielten Missbrauchs von Smartphone-Daten können weitaus größere Schäden verursachen als bisher den meisten Menschen bewusst ist. Wenn das Mobiltelefon, wie es derzeit schon oft der Fall ist, als persönlicher Assistent genutzt wird, macht es seinen Besitzer tatsächlich zum „gläsernen Menschen", dessen Vorlieben, Termine oder Kontakte für jeden offen liegen, der auf die Daten legal oder illegal Zugriff erhält. In Verbindung mit den (regelmäßigen) Aufenthaltsorten kann ein so detailliertes persönliches Profil erstellt werden, das im Extremfall noch nicht einmal der getrackten Person in dieser Detailgenauigkeit bewusst ist. So kann beispielsweise für das tägliche Pendeln die Durchschnittsdauer und exakte Länge in Kilometern errechnet werden, aber auch die maximale Aufenthaltsdauer beim Partner oder die Zeit, die insgesamt monatlich im Fitness-Studio verbracht wird. Für die Nutzerakzeptanz ist daher auch relevant, dass z. B. das Tracking deaktiviert und die getrackten Wege im Nachhinein von den Nutzern verifiziert bzw. freigegeben werden können. Eine notwendige Bedingung ist also, dass der Nutzer die volle Kontrolle über die Freigabe seiner Daten behält.

Nicht nur angesichts der jüngsten Skandale um die Abhörmethoden der NSA ist zudem eine öffentliche Diskussion um „Datensparsamkeit", internationale Datenschutz-Abkommen sowie Sanktionen gegen Verstöße dringend nötig. In diesem Kontext werden auch die politischen Gestaltungserfordernisse im Bereich der Ortungstechnologien offensichtlich. Forschungsbedarf liegt im politikwissenschaftlichen Bereich dabei insbesondere in der Analyse der Datenschutzrisiken sowie in Bezug auf die entsprechenden Regulierungsbedarfe auf nationaler oder sogar internationaler Ebene.

Geschützt und in aggregierter Form können automatisch erfasste Bewegungsdaten jedoch auch viel Gutes leisten. Gerade für die Umwelt- und Verkehrspolitik ist es derzeit noch schwer, Folgen von Maßnahmen wie der Einführung von Tempo 30-Zonen oder der Bau neuer Fahrradwege zu messen. Auch um die Umweltwirkungen durch den Autoverkehr genau zu beziffern, ist es nötig, neben der Anzahl der Wege und des genutzten Verkehrsmittels auch die jeweilige Streckenlänge zu erfassen. Smartphone-Tracking kann also ebenfalls dazu eingesetzt werden, ein umweltfreundliches Mobilitätsverhalten kontrollierbar zu machen. Mit einer genauen Berechnung des persönlichen CO_2-Fussabdrucks für Mobilität können im nächsten Schritt sogar weitere Incentives verbunden werden wie z. B. Rabatte bei Bioläden oder Ladeguthaben für Elektroautos.

Neben dem Einsatz in der Mobilitätsforschung sind weitere, durchaus auch unkommerzielle Anwendungsmöglichkeiten des Smartphone-Trackings denkbar. So könnte – ein hoher Datenschutz vorausgesetzt – das Tracking zur Gesundheitskontrolle hochbetagter oder dementer Menschen dienen: Sobald sich Änderungen im Bewegungsprofil der Person ergeben, wird eine Mitteilung an Verwandte oder Pflegedienste gesendet. Auch trifft die Idee weithin auf Akzeptanz, Smartphone-Tracking als Sicherheitsanwendung einzusetzen und z. B. in riskanten Situationen oder „offroad", etwa in unwegsamen Gebieten, zu aktivieren. Die Aufzeichnung der eigenen Wege kann außerdem auch für einen persönlichen „Fitness-Coach" genutzt werden, der genaue Bilanzen zur Länge der Fahrradfahrten und Fußwege z. B. über einen längeren Zeitraum oder im Vergleich zu Autonutzung erstellt. So gibt es heute schon einige Menschen, die der Idee des „Quantified Self" folgen und gern möglichst viele persönliche Daten zu ihrem Alltag sammeln. (vgl. Grasse und Greiner 2013).

Die zukünftigen Einsatzmöglichkeiten des Smartphones als „Wegedaten-Sammler" scheinen also nahezu unbegrenzt. Obwohl es sehr naheliegt, befindet sich in den Verkehrswissenschaften der Einsatz von Smartphones jedoch noch in einem sehr frühen Entwicklungsstadium, denn stadium und Wegezwecke und Verkehrsmittel können immer noch nicht exakt bestimmt werden. So wird es bis auf Weiteres nicht ohne zusätzliche Befragungen zu ermitteln sein, ob die getrackte Person beispielsweise bei einer Autofahrt Fahrer oder Mitfahrer war.

In den aktuellen verkehrswissenschaftlichen Diskursen wird daher auch oft dafür plädiert, in Vergleichsstudien die Validität der Untersuchungsergebnisse über weitere Methoden wie einem Wegetagebuch zu überprüfen. Auch bei den ersten GPS-gestützten Erhebungen in den Vereinigen Staaten und Australien wurden die Tracking-Daten durch parallele Befragungen und Wegetagebücher validiert. Dem kann man entgegensetzen, dass der Aufwand für die Probanden mit solch einem „doppelt gesicherten" Studiendesign nicht verringert, sondern deutlich erhöht wird. Dies kann den unangenehmen Nebeneffekt haben, dass sich insgesamt weniger Testpersonen finden lassen, sich die Rücklaufquote verringert und auch die Eintragungen nachlässiger werden. Die Validierung der Daten geht also leider in der Regel mit einer systematischen Verzerrung der Erhebungsergebnisse durch eine starke Begrenzung der Datenbasis einher.

In technischer Hinsicht können vor allem Abschattungen, die Cold/Warm-Start-Problematik oder unzureichende Algorithmen zu Datenverlusten bzw. -lücken führen. Wenn zukünftig diese technischen Probleme aber beseitigt werden, sind die Qualität der erhobenen Daten, die Einhaltung wissenschaftlicher Gütekriterien (Validität, Reliabilität usw.) oder schlicht die Rücklaufquote überzeugende Argumente für den Einsatz von Smartphones in den Verkehrswissenschaften. Auf sozialer Seite müssen allerdings als notwendige Bedingung hohe Standards in puncto Datensicherheit und Datenschutz gesetzt werden. Inwiefern sich in den nächsten Jahren traditionelle und smartphone- bzw. satellitengestützte Erhebungen ergänzen, ersetzen und ablösen, wird sich in der Praxis zeigen. Schon jetzt ist aber klar, dass das Smartphone-Tracking die verkehrswissenschaftliche Forschung um eine sehr aussichtsreiche Erhebungsmethode bereichert, die viel Spielraum für neue und innovative Ansätze bietet, unsere Mobilität besser zu verstehen.

Literatur

FOCUS (2012) Die Top 10 der Reise-Apps, 46/2012, S. 121

Grasse C, Greiner A (2013) Mein digitales Ich – wie wir die Vermessung des Selbst unser Leben verändert und was wir darüber wissen müssen. Metrolit Verlag. 2013. Berlin

Huawei/Initiative D21 (2013) Pressemitteilung vom 19. Februar 2013, http://www.initiatived21.de/presseinformationen/initiative-d21-und-huawei-technologies-stellen-studie-zur-mobilen-internetnutzung-vor [05.04.2013]

Mayer-Schönberger V, Cukier, K (2013) Big Data, A revolution that will transform how we live, work, and think, Boston/New York

Schelewsky M, Jonuschat H, Bock B, Jahn V (2013): Einfach und komplex, Nutzeranforderungen an Smartphone-Applikationen zur intermodalen Routenplanung, InnoZ-Baustein Nr. 13. Berlin